气候变化对北极渔业资源影响的初步研究

陈新军　焦　敏　陈子越 著

科 学 出 版 社
北 京

内容简介

本书通过分析北极主要的气候变化现象，以及这些变化对渔业资源种类组成和空间分布的影响，旨在为北极生态系统保护、资源利用开发以及政策制定提供指导依据。全书共8章：第1章为绪论；第2章为北极渔业资源及其海洋环境状况概述；第3章为渔获组成及气候和海洋环境变化分析；第4章为气候变化特征和环境因子变化特征；第5章为东北大西洋渔业资源状况及其与气候和海洋环境变化的关系；第6章为东北大西洋北海渔场鱼类群落结构年际变化研究；第7章为北极渔业资源变动的预测模型；第8章为气候变化条件下的北极渔业资源开发问题及对策。

本书可供海洋生物、水产和渔业研究等专业的科研人员，高等院校师生及从事相关专业生产、管理部门的工作人员阅读和使用。

审图号：GS 川(2022)40 号

图书在版编目(CIP)数据

气候变化对北极渔业资源影响的初步研究 / 陈新军，焦敏，陈子越著.
—北京：科学出版社，2023.11
ISBN 978-7-03-073648-2

Ⅰ.①气… Ⅱ.①陈… ②焦… ③陈… Ⅲ.①气候变化-影响-北极-海洋渔业-水产资源-研究 Ⅳ.①S93

中国版本图书馆 CIP 数据核字（2022）第 203540 号

责任编辑：韩卫军 / 责任校对：彭　映
责任印制：罗　科 / 封面设计：墨创文化

科学出版社 出版
北京东黄城根北街16号
邮政编码：100717
http://www.sciencep.com

成都锦瑞印刷有限责任公司印刷
科学出版社发行　各地新华书店经销
*
2023年11月第　一　版　开本：787×1092 1/16
2023年11月第一次印刷　印张：6 3/4
字数：160 000

定价：96.00 元
（如有印装质量问题，我社负责调换）

前　言

随着全球变暖，北极海冰面积逐年减少，越来越多的国际组织和科学家开始对北极进行探索研究。在全球海洋渔业资源衰退的大背景下，北极渔业资源的开发和合理利用备受世界各国的关注。

北极地区环境恶劣，海洋鱼类的种类和资源量相比其他海域较少，但随着北极海冰融化，北极渔业资源的开发和利用成为可能，北极海域未充分开发的渔业资源吸引着有关国家和地区。近几十年来，气候变化引发海水升温、海平面上升和海冰面积缩减，直接影响北极渔业资源的种类、习性及时空分布。气候变化对北极渔业资源的结构和数量有着不可逆转的影响，且影响范围广。

本书通过收集国内外相关文献和渔获统计数据，对北极渔业种类、资源分布、开发利用状况以及影响北极渔业资源的重大气候变化、海洋环境变化进行研究，分析气候变化对北极渔业资源的影响，从而为应对气候变化进而保护北极渔业资源提供基础，为北极渔业资源的可持续发展提供支撑。

本书是北极渔业概况以及气候变化对其渔业影响初步研究的成果，可供水产和海洋生物等相关领域的科研工作者和管理者使用。

本书得到国家双一流学科(水产学)、上海市一流高水平大学建设项目以及农业农村部科研杰出人才及其创新团队——大洋性鱿鱼资源可持续开发等专项的资助。

由于时间仓促，研究内容覆盖面广，国内没有同类的参考资料，书中难免存在疏漏，望读者提出批评和指正。

目　录

第1章 绪　论

随着气候变化，全球变暖，北极海冰变薄变稀。在2003年以前的30年中，海冰面积平均下降了 8%，并且海冰融化趋势加快。1978～2013 年 11 月的海冰面积相对于1981～2010年平均值每十年下降4.9%，即每年下降$53500km^2$(Shakhova et al.，2013)。北极海冰面积减小，海洋环境发生变化，为鱼类提供了生存条件，也为渔业资源开发提供了作业条件。

据统计，全球海洋渔获物的鱼种组成呈现每年0.05～0.10的营养层减少趋势(Pauly et al.，2002)，这意味着较年长的鱼种将逐渐从海洋生态系统消失，一些重要传统经济种类的资源将逐渐枯竭。例如，20世纪后半叶北大西洋掠食性鱼类(营养级大于或等于3.75)的生物量衰退了2/3(Guénette et al.，2001)。据联合国粮食及农业组织(Food and Agriculture Organization of the United Nations，FAO)评估，过度开发的种群比例增加，从1974年的10%增加到1989年的26%，1990年后继续上升。完全开发的种群比例从1974～1985年的50%左右下降到1989年的43%，2009年恢复到57.4%(图1-1)。过度捕捞和气候变化造成的环境变化是世界渔业资源衰退的主要原因。

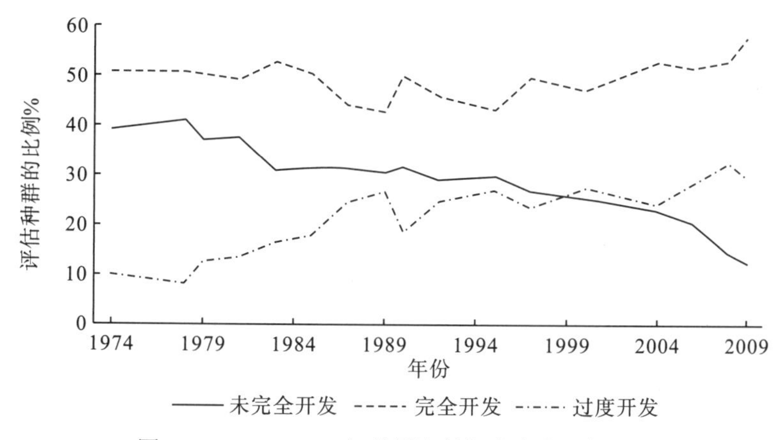

图1-1　1974～2009年世界海洋鱼类种群开发状况

根据FAO统计数据分析，北极地区捕捞量在1976年达到最大值1.51×10^7t，年平均捕捞量约为1.11×10^7t，捕捞量一直处于稳步发展状态。全球海洋渔业年平均捕捞量为5.23×10^7t，北极海洋渔业捕捞量占全球海洋渔业捕捞量的比值呈递减趋势，所占比例年平均约24.8%(FAO，2010)。

近几十年来气候变化越发显著，对北极渔业资源产生极大的影响。气候变化引发海水升温、海冰面积缩减和海平面上升，不仅直接影响北极渔业资源的种类、习性及时空分布，而且通过对洋流、北极涛动、臭氧层等的影响间接地影响北极渔业资源的格局。气候变化对北极渔业资源的结构和数量有不可逆转的影响，且影响范围较广。

为此，本书通过分析近十年北极主要的气候变化现象，例如北极涛动(Arctic Oscillation，AO)、北大西洋涛动(North Atlantic Oscillation，NAO)和阿留申低压等，以及研究气候变化对北极海冰、水温和洋流等的影响，研究海冰、水温和洋流等变化对北极渔业资源的影响，以及这些变化对渔业资源种类组成和空间分布的影响。本书旨在为北极生态系统保护、资源利用开发以及政策制定提供指导依据。

随着全球气候变暖，北极地区正经历着急剧的变化。丰富的资源、重要的战略位置以及日益畅通的北极航道，导致这一地区急剧升温并成为大国较量的新舞台。为了保护北极地区的环境，合理持续开发北极资源，环北极八国(吕亚楠，2012)(丹麦、加拿大、美国、俄罗斯、挪威、瑞典、芬兰和冰岛)和北极周边国家(中国、意大利、日本、韩国)纷纷投身于北极科考研究，并制定一系列相关政策，希望在北极开发中占有一席之地，例如2009年初美国国家海洋和大气管理局(National Oceanic and Atmospheric Administration，NOAA)海洋渔业署筹划制定了“北冰洋渔业管理计划”，计划管理美国在其北极水域的楚科奇海和波弗特海的捕捞作业事宜(Pauly et al.，2002)。

近一百年来，全球地表温度都在上升，北极地区气温的上升幅度更是全球平均升温幅度的2～3倍(Post et al.，2009)，使得北极航道开通成为可能，这巨大的经济利益吸引着各国研究者投身北极航道的研究。国内外许多科学家投身北极航道路线(李振福等，2014)、海冰(赵津和杨敏，2013)、环境(Niessen et al.，2010；闫力，2011)、主权(Krafft，2009；王丹维，2011)、洋流(Rudels et al.，1999)、微生物(Johnson et al.，2002)、浮游动植物(Hasle and Heimdal，1998；Lee，1975)等的研究。1999～2014年中国先后六次对北极进行科学考察，研究分析了北极冰面气象、海冰物理、水文化学、海洋生物和海洋化学等，获得了丰富的考察数据和样品。

尽管国内外北极科考都会采集大量北极生物样品进行研究，但是对北极渔业的研究却很少。大部分北极渔业的研究集中在某一个区域的渔业资源状况或者某种渔业资源状况，缺乏系统性的研究。国内外许多研究者对北极鱼类体内物质、群落结构、分布特点、养护管理等进行了研究，例如Osuga和Feeney(1978)、费云标和严绍颐(1992)分析比较了北极鱼类抗冻糖蛋白结构，Power(1978)研究分析了北极湖泊鱼类的群落结构，唐建业和赵嵌嵌(2010)探讨了北极渔业资源养护管理问题。同时，研究人员对格陵兰岛、挪威和冰岛等海域的渔业资源状况关注度比较高，例如Arnason等(2000)分析了挪威、冰岛和纽芬兰沿岸渔业管理，徐吟梅(2009)研究了挪威的渔业资源概况。另外，对北极鱼类常见种的形态、生活习性和资源分布的研究也有不少，例如Jonsson和Jonsson(2001)研究了北极鲑鱼的物种形态，Gardiner和Dick(2010)分析了北极头足类的分布情况。虽然每年美国国家海洋和大气管理局都会发布《北极报告》，但其有关北极渔业资源的内容很少，研究气候变化对北极渔业资源影响的内容则更少。

全球气候变化日益显著，极端异常事件频繁发生，气候变化引起的一系列问题已经成为社会热点话题，对于气候变化我们是从静到动、从稳定到突变的认识过程。20世纪90年代后，人们发现气候具有突变性，并且突变发生的时间尺度已经从千年缩减为十年以内。

随着科学技术的发展，科学家对气候变化的研究逐渐深入到北极，通过对北极历年气候变化的监测，已经生成了很多气候变化的预测模型，例如大气深层海冰和地表耦合模型。同时，各国科学家也对北极涛动、大洋冷池、阿留申低压、海冰面积缩减等北极气候变化现象进行了分析，并研究了它们对北极海洋环境及生物资源的影响。

随着人们对气候变化的不断认识，国内外不少科学家开始研究气候变化对海洋渔业资源的影响，但仍处于初级探索阶段，大部分研究者从事极端气候与渔业资源关系的研究。气候变化的具体表现为海平面上升、海水温度升高、海水酸度增加、紫外线辐射增强、海洋水文结构和海流变化等(Brander，2010；陈宝红等，2009；赵蕾，2008)，这些变化影响了鱼类的生长过程(生殖、生长、摄食和洄游等)、群落结构、资源存量和资源时空分布等(Reist et al.，2006a；王亚民等，2009)。许多研究表明，气候变化是世界渔业资源产量和分布变化的重要原因之一，气候变化直接或间接影响渔场分布、鱼类洄游路线以及渔汛时间等。目前，气候变化与渔业资源分布和产量波动的关系已成为相关学科的研究热点(方海等，2008)。

在北极，气候变化引起的海面温度、CO_2 浓度和海平面的升高，降水量和海洋水文结构的变化以及紫外线辐射增强等环境变化，都会直接或间接影响北极渔业资源。Reist 等(2006b)、Wrona 等(2006)研究分析了北极气候变化对北极鱼类种群、淡水鱼类和生态系统等的影响，何剑锋等(2005)、郭超颖等(2011)研究分析了北极浮游生物的分布和多样性。对气候变化与北极渔业资源关系的研究相对缺乏，本书通过分析气候变化对北极渔业的影响，为北极渔业资源的开发与保护提供基础资料。

总结以上内容，我们回顾了北极海域及其渔业研究现状，探讨了近几十年来重大气候变化现象以及其对渔业资源影响的研究现状。目前，气候变化对渔业资源的影响已经有一定的研究进展，而气候变化对北极海域渔业资源影响的研究仍存在一些问题，具体可归纳为以下几点。

首先，北极海冰面积广，科研调查难度大，渔业数据缺乏。国内外研究主要集中在鱼类种群结构和生态特点等，而对北极海域渔业资源状况并没有系统性的研究。故本书利用 FAO 多年的渔业捕捞数据，对北极海域渔业资源的渔获物多样性和渔获组成进行研究分析，对北极海域渔业资源状况有了新的全面认识。

其次，全球气候变化显著，极端异常事件频繁发生，近几年气候变化问题已经成为社会热点话题，而北极海域针对气候变化及海洋环境主要进行的是中小尺度、单因子的研究，对长时间序列的大尺度、多因子研究分析较少，不利于了解北极海域重要气候变化和海洋环境变化状况。因此，本书分析 1950～2012 年的北极涛动等气候指数和 1998～2012 年的海面温度等海洋环境数据，全面系统了解北极海域气候和海洋环境状况，为研究气候变化和海洋环境变化与渔业资源的关系提供有力的科学依据。

最后，针对气候变化对渔业资源影响的研究理论基础并不成熟，研究方法尚需不断探索。本书通过生物-环境分析和相关检验进行气候与渔业资源关系分析，同时用线性回归、神经网络等方法预测渔获量，由此更好地为开发和保护北极海域渔业资源提供有益参考。

全球气候变化是海洋科学前沿领域重要的科学问题，而如何应对气候变化也是当前海洋渔业科学发展的重大需求。本书选择北极海域渔业资源作为研究对象，根据 FAO 1950～2012 年的渔业产量数据，以渔业气候学为核心，开展海洋学与渔业资源学、统计学等学科交叉研究，重点研究气候变化对北极海域渔业资源的影响，为我国北极海域渔业资源开发和决策提供科学依据。

第2章　北极渔业资源及其海洋环境状况概述

2.1　北极基本概况

2.1.1　北极地理概况

通常认为北极地区是北极圈（66°33′N）以北地区，总面积约 $2100\times10^4km^2$，其中陆地约 $800\times10^4km^2$（李振福等，2014）。有时候基于气候和生态学因素，北极地区也可定义为7月份时 10℃等温线以北地区，这样北极地区的总面积约 $2700\times10^4km^2$，其中陆地面积约 $1200\times10^4km^2$。北极地区主要包括北冰洋、欧洲北部、亚洲北部、北美洲北部和格陵兰岛、巴芬岛及其他较小的北方岛屿，主体部分是北冰洋，占北极地区面积的60%。北冰洋有8个附属海：格陵兰海（Greenland Sea）、挪威海（Norwegian Sea）、巴伦支海（Barents Sea）、喀拉海（Kara Sea）、拉普捷夫海（Laptev Sea）、东西伯利亚海（East Siberian Sea）、楚科奇海（Chukchi Sea）和波弗特海（Beaufort Sea）。其中，巴伦支海受北大西洋暖流影响，水温较北冰洋其他海域要高，海冰冰情相对较轻。

2.1.2　北极国家及渔业组织

北极区域主要有丹麦、加拿大、美国、俄罗斯、挪威、瑞典、芬兰和冰岛八个国家，简称环北极八国（吕亚楠，2012）。为了保护北极地区的环境，促进该地区经济、社会和福利持续发展，1996 年 9 月这八个国家在加拿大渥太华成立北极理事会（Arctic Council），2013 年 5 月 15 日，中国、印度、意大利、日本、韩国和新加坡成为北极理事会正式观察员国。北极区域主要的渔业组织有东北大西洋渔业委员会、西北大西洋渔业组织、北大西洋鲑鱼养护组织和国际太平洋鳙鲽渔业委员会等（Sydnes，2001）。

北极渔业作业区主要有东北大西洋海域，包括巴伦支海、挪威海东部和南部、冰岛及东格陵兰周边水域。其中，西北大西洋海域包括加拿大东北水域、纽芬兰和拉布拉多半岛周边水域；西北太平洋海域包括俄罗斯与加拿大、美国之间的西南陆地界线沿岸水域；东北太平洋海域主要指白令海水域。通常，格陵兰岛外海域和加拿大东北部渔业是严格意义上的北极渔业。北极地区越来越多的海冰覆盖区域变成开阔水域，海冰减少和开阔水域的季节性增长对北极渔业资源的开发产生了很大影响（Reeves et al.，2012）。

2.2 北极渔业资源及其开发状况

2.2.1 北极渔业资源状况

1.北极渔业种类及分布

北冰洋地处高寒地带，动植物种类较少，浮游植物的生产力比其他洋区要少10%，主要包括浮冰上的小型植物、表层水中的微藻类、浅海区的巨藻和海草等。有价值的海洋鱼类有：①鳕科鱼类，是北极水域最重要的类群，主要商业捕捞种类有大西洋鳕(*Gadus morhua*)、狭鳕(*Theragra chalcogramma*)；②鲱科鱼类，鲱科鱼类中只有大西洋鲱(*Clupea harengus*)和太平洋鲱(*Clupea pallasii*)两种生活在北极水域；③鲽科鱼类，是重要的商业捕捞种类，比如格陵兰大比目鱼，北极海域还有北极光鲽(*Liopsetta glacialis*)等几种鲽科鱼类；④鲑鱼类，已成为北极淡水生态系统的优势种，在北极海域有14种鲑科鱼类，比如秋白鲑(*Coregonus autumnalis*)、大西洋鲑(*Salmo salar*)等；⑤鲉科鱼类，该鱼类有粗短、锥形身体，该科有一些有毒种类，比如狮子鱼(*Liparis liparis*)等；⑥香鱼(*Plecoglossus altivelis*)，香鱼身体细长，但很少超过20cm，是北极最重要的饵料鱼类。

北极海域主要经济鱼类有太平洋毛鳞鱼(*Mallotus villosus*)、格陵兰大比目鱼(*Reinhardtius hippoglossoides*)、北方长额虾(*Pandalus borealis*)、极地鳕(*Boreogadus saida*)、大西洋鳕、黑线鳕(*Melanogrammus aeglefinus*)、狭鳕、太平洋鳕(*Gadus macrocephalus*)、灰眼雪蟹(*Chionoecetes opilio*)等，以及鲱鱼、鲑鱼和大王蟹等(唐建业和赵嵌嵌，2010)。北极海域的磷虾和其他浮游生物特别丰富，因此北冰洋里有种类繁多的鲸鱼，如弓头鲸或称北极露脊鲸(*Balaena mysticetus*)、灰鲸(grey whale)、白鲸(*Delphinapterus leucas*)和一角鲸(narwhal)，后两种鲸鱼是北冰洋特有的鲸鱼种类，据推测大约4000年前就生活在那里(吴琼，2010)。

北极渔区主要有两种划分方法，按FAO的划分标准，66°N以北的海域属于北极海域，包括18渔区和21、27渔区的部分海域。按北极理事会(Arctic Council)下设的北极监测和评价项目(Arctic Monitoring and Assessment Programme，AMAP)定义，包括18渔区和21、27、61、67渔区的部分海域(赵隆，2013)。本书采用FAO划分标准，北极渔区主要包括北冰洋(18渔区)、东北大西洋(27渔区)和西北大西洋(21渔区)三个渔区。根据FAO统计数据，北极区域重要的经济种类有大西洋鳕、大西洋鲱、大西洋鲭(*Scomber scombrus*)、黑线鳕、极地鳕等，北极海域捕捞国家主要为环北极国家，除此之外还有英国、德国、西班牙和日本等(表2-1)。

2.北极渔业资源开发利用状况

北极海域的海水温度常年较低，渔业种类和资源量相对其他洋区较少，主要渔场集中在东北大西洋。根据对FAO统计数据的分析，北极地区(18渔区、27渔区和21渔区)捕捞量在1976年达到最大值1.51×10^7t，年平均捕捞量约为1.11×10^7t，而1950～2012年全球海洋年平均捕捞量为 5.23×10^{7}t，北极海洋捕捞量占全球海洋捕捞量的比例呈递减趋势，所占比例年平均约 24.8%（图 2-1）。

表 2-1　北极主要经济种类及捕捞国

洋区	经济种类	捕捞国
北冰洋	大西洋鳕、格陵兰大比目鱼、黑线鳕、硬骨鱼、极地鳕、圆吻突吻鳕	俄罗斯
东北大西洋	平鲉属、竹荚鱼属、大西洋鳕、大西洋鲱、大西洋鲭、无须鳕、沙丁鱼、格陵兰大比目鱼、硬骨鱼、黑线鳕、绿青鳕、牙鳕、北方蓝鳍金枪鱼	比利时、丹麦、芬兰、法国、德国、冰岛、爱尔兰、荷兰、挪威、波兰、葡萄牙、西班牙、瑞典、英国
西北大西洋	平鲉属、美洲拟鲽鲽、大西洋鳕、大西洋鲱、大西洋鲭、大西洋油鲱、毛鳞鱼、硬骨鱼、黑线鳕、绿青鳕、金眼门齿鲷、银无须鳕、白鳕鱼、美洲拟鲽、美洲黄盖鲽	加拿大、丹麦、法国、德国、冰岛、挪威、葡萄牙、西班牙、美国

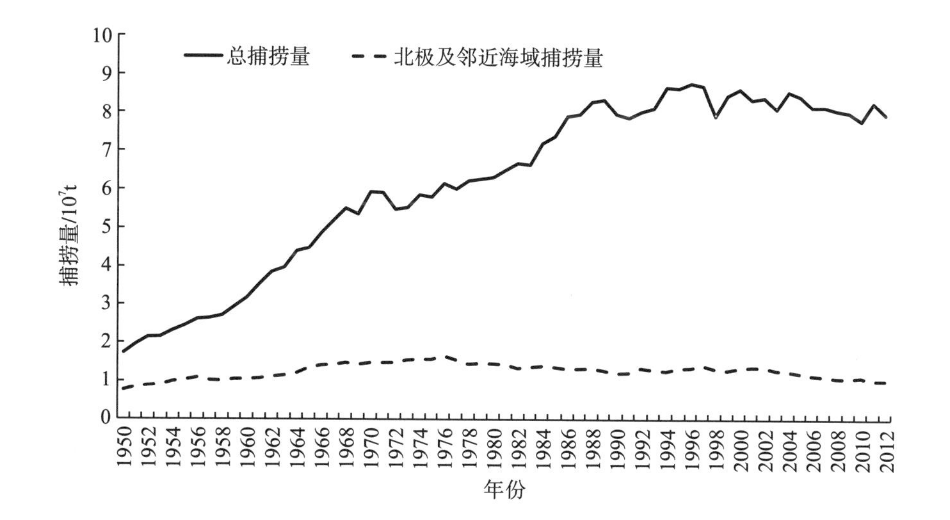

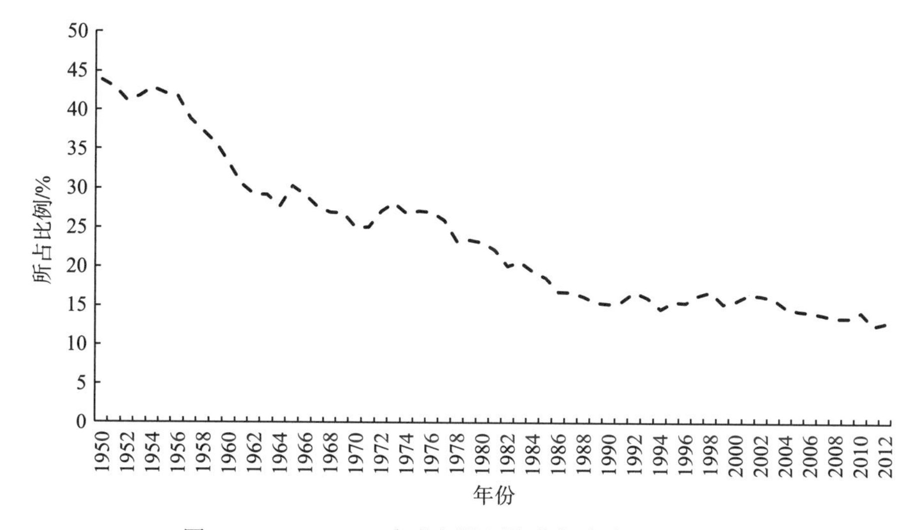

图 2-1　1950～2012 年北极地区渔业与全球渔业捕捞量

3.各渔区渔业资源开发利用状况

根据FAO数据统计分析，北极区域18渔区(北冰洋)的渔业资源基本处于未开发状态，仅在1967～1970年和2007～2012年进行了渔业捕捞活动，并在1968年达到最大捕捞量7300t(图2-2)。但哥伦比亚大学丹尼尔·保利教授的研究小组重建了来自各种资源(包括有限的政府工作报告和人类学的土著居民活动记录)的渔业捕捞数据，18渔区1950～2006年的捕捞量达到9.5×10^5t，几乎是FAO记录的75倍(Zeller et al.，2011)。由此可见，北极区域18渔区(北冰洋)捕捞量呈增长趋势，北极海冰融化为北极渔业商业性开发提供了条件。

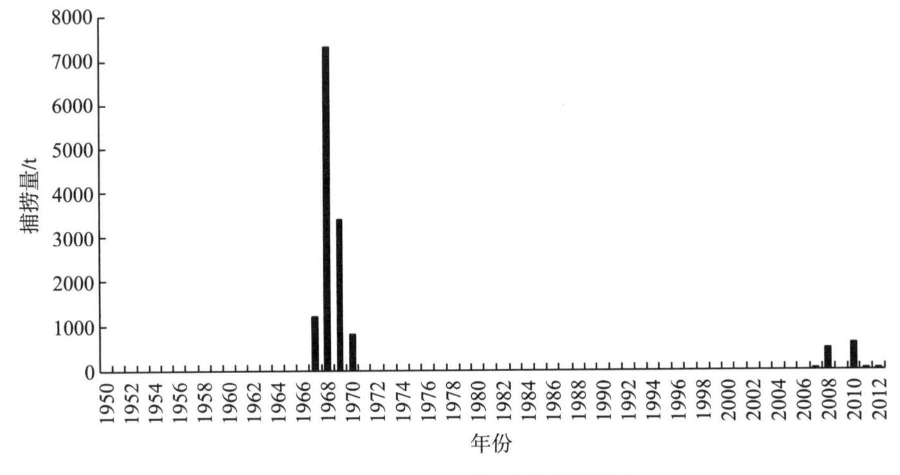

图2-2 1950～2012年北冰洋捕捞量

1975年以后，东北大西洋海洋渔业捕捞量呈下降趋势，其中62%的种类处于完全开发状态，31%的种类过度开发，仅有7%的种类未完全开发；而1973年后，西北大西洋(21渔区)有77%的种类处于完全开发状态，17%的种类过度开发，6%的种类未完全开发(FAO，2012)。东北大西洋海洋捕捞量一直高于西北大西洋(图2-3)。

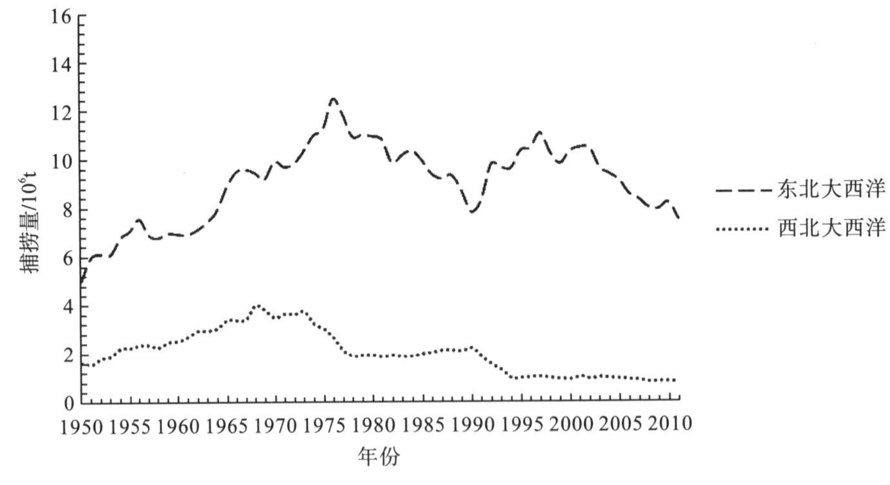

图2-3 1950～2011年东北大西洋和西北大西洋捕捞量

4.各渔区主要经济种类开发利用状况

北冰洋（18 渔区）的主要经济物种有大西洋鳕、格陵兰大比目鱼、圆吻突吻鳕（*Coryphaenoides rupestris*）等（图 2-4），这些物种均未有长期大规模的捕捞作业，只有少数种类在某些年份有数据统计，且渔获量不大。为了保全未开发的脆弱环境系统，从事可持续的渔业活动，2009 年 10 月 19～21 日北冰洋周边国家代表以及日本、中国、韩国的渔业管理人员和科学家等 200 人开展了国际北冰洋渔业专题座谈会，对将来北冰洋渔业的保全和管理以及洄游性和跨界性鱼类进行了研讨。随后，北极周边各个国家逐步开展了禁止渔业的管理计划，以便科学家对北冰洋生态环境系统做评估（缪圣赐，2010）。

东北大西洋（27 渔区）和西北大西洋（21 渔区）的主要经济种类有大西洋鲱、大西洋鳕、大西洋鲭、黑线鳕等，且大部分资源分布在东北大西洋（图 2-4）。东北大西洋的大部分传统渔业资源都充分开发或过度开发，有些资源已处于衰竭状态，其中鲱鱼、鳕鱼和毛鳞鱼等面临资源崩溃，而后通过禁渔才使资源得以重建（FAO，1997）。对于西北大西洋，主要的优势群体鲱鱼、大西洋鲭、银无须鳕（*Merluccius bilinearis*）和黑线鳕等渔获量不断下降。作为西北大西洋最主要的经济物种，大西洋鳕经过长达 50 年的捕捞后，产量陷入困境。大西洋鳕的捕捞量是商业性捕捞繁荣与萧条交替的一个符号（Swain and Chouinard，2008）。对于北极渔业资源，研究人员并没有系统地开展资源评估，仅有部分国家或组织对周边海域或特定鱼种进行评估，例如国际海洋开发理事会对东北大西洋 100 多个种群或亚种群进行了评估并提出相关管理建议。

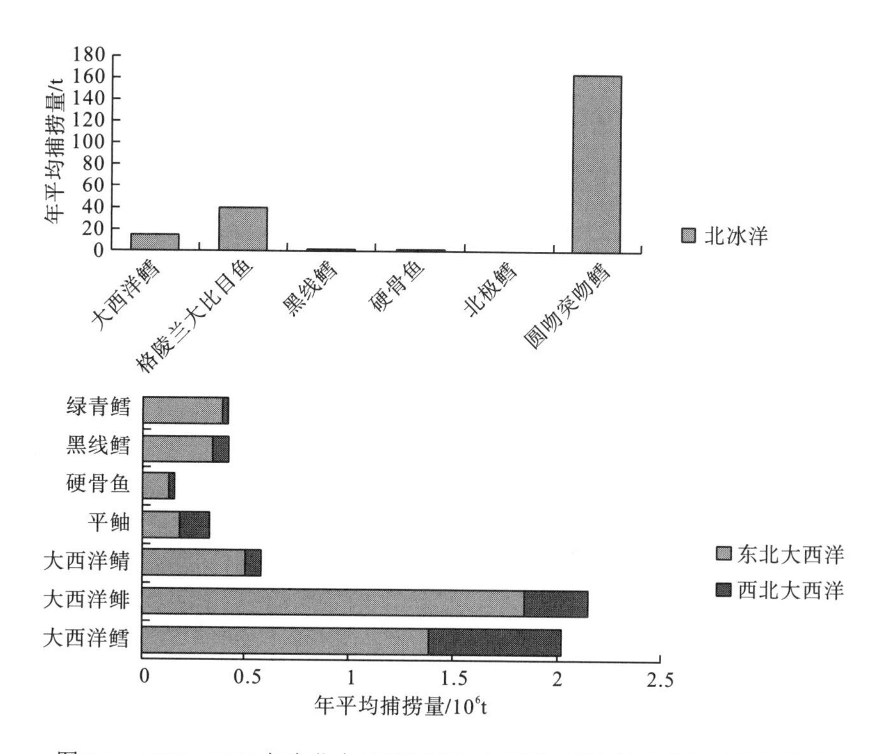

图 2-4　1950～2011 年东北大西洋和西北大西洋主要经济鱼种年平均捕捞量

综合北极地区三大渔区，通过对比 1950～2011 年每隔 10 年的年均捕捞量，可看到大西洋鳕、平鲉、硬骨鱼和黑线鳕的年均捕捞量逐年递减，资源已被完全开发或者过度开发，且在逐渐衰退。而大西洋鲱、大西洋鲭和绿青鳕年平均捕捞量波动较为平稳，说明资源还未完全开发(图 2-5)。2007 年 9 月北极海冰面积达到历史最低，40%的北极区域为无冰海区。当白令海曾出现一个类似的无冰海区时，绿青鳕就会被过度捕捞，资源量急剧减少。为了防止北极渔业出现过度捕捞现象，制定一个科学的管理方案是非常必要的。

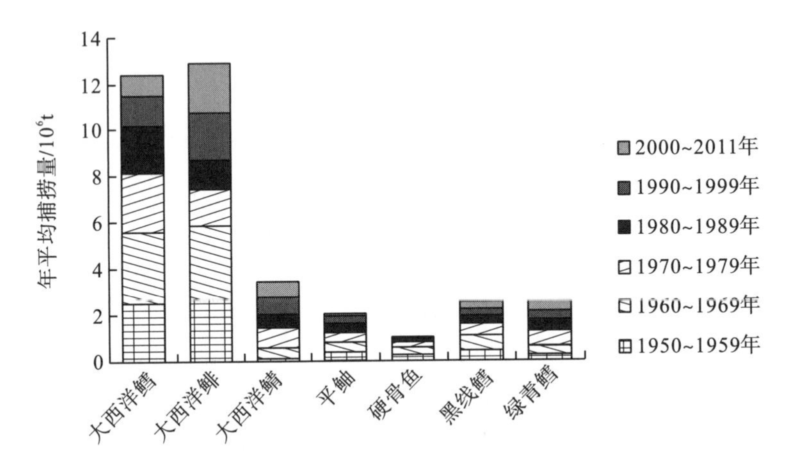

图 2-5 1950～2011 年北极地区主要经济鱼种捕捞量

5.主要捕捞国家

北极渔业主要捕捞国家为挪威、英国、丹麦和加拿大等，大部分为环北极国家。其中，挪威的年平均捕捞量最大，达 2.22×10^6t(图 2-6)，捕捞的经济种类有 20 余种，其中主要捕捞种类为毛鳞鱼、鳕鱼和鲱鱼(方良等，2009)。渔业在挪威是仅次于石油的第二大支柱产业。

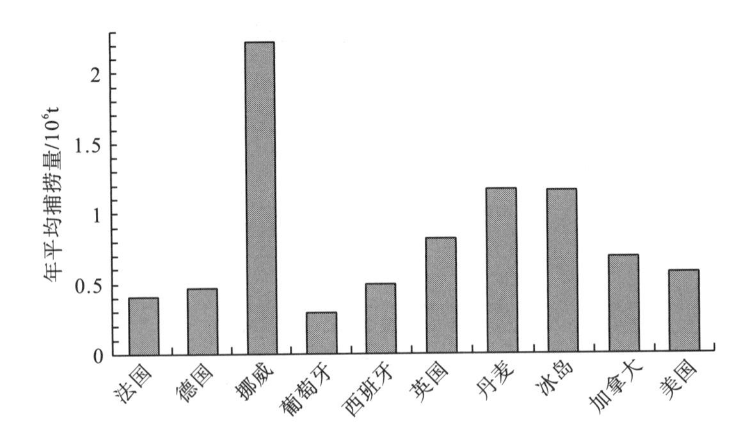

图 2-6 1950～2011 年北极区域主要捕捞国年平均捕捞量状况

综上所述，北极区域渔业资源开发程度不一，有些经济种类已经完全开发甚至过度开发，但有些经济种类还未被充分开发。随着全球变暖，海冰融化，北极区域渔业资源不断被开发利用，环北极国家纷纷开始了商业性渔业计划。例如，2009 年美国国家海洋和大气管理局海洋渔业署制定了“北冰洋渔业管理计划”，计划管理美国在其北极水域的楚科奇海和波弗特海的捕捞作业事宜。

2.2.2　北极头足类资源状况

1.北极头足类种类

在过去几十年里，人们对北极头足类的了解从北极周边海域逐步扩展至北冰洋的开放水域和深海水域。北冰洋靠近太平洋一侧的大陆架和大陆坡（从拉普捷夫海东部到波弗特海西部）头足类数量是有限的，仅有黵乌贼和须蛸（*Cirroteuthis muelleri*）两种头足类分布，而大部分头足类分布在北冰洋西部的另一面或东部，如深海多足蛸（*Bathypolypus arcticus*）和深海蛸（*Benthoctopus piscatorum*）等（Nesis，2001）。

Nesis（2001）通过德国“北极星”号破冰船于 1991 年、1993 年、1995 年和 1998 年进行了四次北极头足类探捕活动，在北极东西部捕获的头足类主要有僧头乌贼（*Rossia palpebrosa*）、莫氏僧头乌贼（*Rossia moelleri*）、黵乌贼、须蛸、深海多足蛸、深海蛸和西伯利亚深海蛸（*Benthoctopus sibiricus*）。

Gardiner 和 Dick（2010）通过全球生物多样性信息机构查询北极头足类，获得了北极 60°N 以北区域所有头足类记录，并确定五个种群资源最丰富。这些种群记录信息主要来自安大略省渥太华市的加拿大自然博物馆和新不伦瑞克省圣安德鲁斯大西洋信息中心、北冰洋生物多样性保护组织和美国国家海洋和大气管理局的海洋探索项目、作者 Dick 未发表的数据以及 2007 年 Harwood、Bluhm 和 Hardie 未发表的数据。1856～2007 年获得北极圈头足类最重要的五个种群分别为黵乌贼、莫氏僧头乌贼、僧头乌贼、深海多足蛸和须蛸。

Golikov 等（2013）通过分析关于北极头足类的相关论文，总结得出北极常见的十种头足类分别是：耳乌贼亚目的僧头乌贼、莫氏僧头乌贼；枪形目的黵乌贼；八腕目须亚目的须蛸；八腕目无须亚目的深海多足蛸、深海蛸、帕格尼深海多足蛸（首次命名，*Bathypolypus pugniger*）、约翰深海蛸（首次命名，*Benthoctopus johnsonianus*）、诺曼深海蛸（首次命名，*Benthoctopus normani*）和西伯利亚深海蛸。除此之外，还有 20 余种头足类出现在北极及其周边海域，其中 11 种被认为可能记录有误，实际可能是大鳍僧头乌贼（*Rossia megaptera*）、滑柔鱼（*Illex illecebrosus*）和褶柔鱼（*Todarodes sagittatus*）。

综上可知，北极头足类种类繁多，主要有八腕目（无须亚目和须亚目）、枪形目（主要是开眼亚目）和乌贼目（耳乌贼亚目和旋壳乌贼亚目）三大目（表 2-2），主要有僧头乌贼、莫氏僧头乌贼、黵乌贼、须蛸、深海多足蛸、深海蛸和西伯利亚深海蛸这 7 种头足类。它们的分布范围较广，主要分布在巴芬湾、挪威海和白令海峡等地。

表 2-2 北极海域头足类种类分类

种类中文名	拉丁名	目	亚目	科	属
深海多足蛸	*Bathypolypus arcticus*	八腕目	无须亚目	蛸科	深海多足蛸属
帕格尼深海多足蛸	*Bathypolypus pugniger*	八腕目	无须亚目	蛸科	深海多足蛸属
塞尔深海多足蛸	*Bathypolypus salebrosus*	八腕目	无须亚目	蛸科	深海多足蛸属
深海蛸	*Benthoctopus piscatorum*	八腕目	无须亚目	蛸科	深海蛸属
北海道深海蛸	*Benthoctopus hokkaidensis*	八腕目	无须亚目	蛸科	深海蛸属
加那勒深海蛸	*Benthoctopus profundorum*	八腕目	无须亚目	蛸科	深海蛸属
西伯利亚深海蛸	*Benthoctopus sibiricus*	八腕目	无须亚目	蛸科	深海蛸属
约翰深海蛸	*Benthoctopus johnsonianus*	八腕目	无须亚目	蛸科	深海蛸属
诺曼深海蛸	*Benthoctopus normani*	八腕目	无须亚目	蛸科	深海蛸属
尖盘爱尔斗蛸	*Eledone cirrhosa*	八腕目	无须亚目	蛸科	爱尔斗蛸属
谷蛸	*Graneledone verrucosa*	八腕目	无须亚目	蛸科	谷蛸属
光滑深海蛸	*Benthoctopus leioderma*	八腕目	无须亚目	蛸科	深海蛸属
烟灰蛸	*Grimpoteuthis umbellata*	八腕目	须亚目	面蛸科	烟灰蛸属
面蛸	*Opisthoteuthis agassizii*	八腕目	须亚目	面蛸科	面蛸属
十字蛸	*Stauroteuthis syrtensis*	八腕目	须亚目	十字蛸科	十字蛸属
须蛸	*Cirroteuthis muelleri*	八腕目	须亚目	须蛸科	须蛸属
奇须蛸	*Cirrothauma murrayi*	八腕目	须亚目	须蛸科	奇须蛸属
大王乌贼	*Architeuthis dux*	枪形目	开眼亚目	大王乌贼科	大王乌贼属
黵乌贼	*Gonatus fabricii*	枪形目	开眼亚目	黵乌贼科	黵乌贼属
滑柔鱼	*Illex illecebrosus*	枪形目	开眼亚目	柔鱼科	滑柔鱼属
柔鱼	*Ommastrephes bartrami*	枪形目	开眼亚目	柔鱼科	柔鱼属
短柔鱼	*Todaropsis eblanae*	枪形目	开眼亚目	柔鱼科	短柔鱼属
桑椹乌贼	*Moroteuthis robusta*	枪形目	开眼亚目	爪乌贼科	桑椹乌贼属
欧文乌贼	*Teuthowenia megalops*	枪形目	开眼亚目	小头乌贼科	欧文乌贼属
褶柔鱼	*Todarodes sagittatus*	枪形目	开眼亚目	褶柔鱼亚科	褶柔鱼属
贝乌贼	*Berryteuthis magister*	枪形目	开眼亚目	黵乌贼科	贝乌贼属
里氏臂乌贼	*Brachioteuthis riisei*	枪形目	开眼亚目	腕贼科	腕乌贼属
斯氏黵乌贼	*Gonatus steenstrupi*	枪形目	开眼亚目	黵乌贼科	黵乌贼属
爪乌贼	*Onychoteuthis banksii*	枪形目	开眼亚目	爪乌贼科	爪乌贼属
北方爪乌贼	*Opisthoteuthis borealis*	枪形目	开眼亚目	爪乌贼科	爪乌贼属
福氏枪乌贼	*Loligo forbesii*	枪形目	闭眼亚目	枪乌贼科	枪乌贼属
僧头乌贼	*Rossia palpebrosa*	乌贼目	耳乌贼亚目	耳乌贼科	僧头乌贼属
莫氏僧头乌贼	*Rossia moelleri*	乌贼目	耳乌贼亚目	耳乌贼科	僧头乌贼属
蓝僧头乌贼	*Rossia glaucopis*	乌贼目	耳乌贼亚目	耳乌贼科	僧头乌贼属

续表

种类中文名	拉丁名	目	亚目	科	属
巨粒僧头乌贼	*Rossia macrosoma*	乌贼目	耳乌贼亚目	耳乌贼科	僧头乌贼属
大鳍僧头乌贼	*Rossia megaptera*	乌贼目	耳乌贼亚目	耳乌贼科	僧头乌贼属
太平洋僧头乌贼	*Rossia pacifica*	乌贼目	耳乌贼亚目	耳乌贼科	僧头乌贼属
半僧头乌贼	*Semirossia tenera*	乌贼目	耳乌贼亚目	耳乌贼科	半僧头乌贼属
五口小乌贼	*Sepietta scandica*	乌贼目	耳乌贼亚目	耳乌贼科	小乌贼属
大西洋耳乌贼	*Sepiola atlantica*	乌贼目	耳乌贼亚目	耳乌贼科	耳乌贼属
耳乌贼	*Sepiola rondeleti*	乌贼目	耳乌贼亚目	耳乌贼科	耳乌贼属
普氏耳乌贼	*Sepiola pfefferi*	乌贼目	耳乌贼亚目	耳乌贼科	耳乌贼属
旋壳乌贼	*Spirula spirula*	乌贼目	旋壳乌贼亚目	旋壳乌贼科	旋壳乌贼属

2.北极头足类的捕食者

头足类是北极大型海洋动物的食物来源，在北极食物网中有着重要的作用。Santos 等(2001)在挪威海搁浅的抹香鲸(*Physeter macrocephalus*)胃含物里发现，黵乌贼属占食物的 96%(重量)，而白令海峡的哺乳类捕食者如北海狗(*Callorhinus ursinus* L.)和鼠海豚(*Phocoenoides dalli* True)胃含物组成的 33%～50%是其他鱿鱼类。另外，在挪威附近的厚嘴海鸦属和常见海鸦属(*Uria*)胃含物构成的 40%和 30%分别是黵乌贼和其他鱿鱼。

Finley 和 Gibb(1982)认为庞德因莱特的独角鲸是以头足类为食的，主要捕食对象是黵乌贼；1978 年在庞德因莱特捕获的独角鲸，其中大约 92%的胃含物里发现了黵乌贼，16%的胃含物里发现了深海多足蛸；而在 1979 年，发现 79%的独角鲸胃含物里有黵乌贼，17%的胃含物里有深海多足蛸。Finley 和 Evans(1983)在克莱德河 57%的髯海豹胃含物里发现了深海多足蛸和黵乌贼属；在庞德因莱特离岸捕获的 85%的髯海豹胃含物里发现了深海多足蛸，77%的胃含物里发现了黵乌贼属。

Bjørke(2001)分析了挪威海黵乌贼的捕食者，发现主要有抹香鲸、北瓶鼻鲸(*Hyperoodon ampullatus*)、巨头鲸(*Globicephala melaena*)和冠海豹(*Cystophora cristata*)四种。Gardiner 和 Dick(2010)研究了北极头足类捕食者相关文献和资料，通过分析捕食者的胃含物，认为超过 50%的北极捕食者以黵乌贼属为食，表明它作为被捕食种类的重要性(表 2-3)。

表 2-3　北极头足类作为被捕食者的记录

地点	捕食者	被捕食头足类
阿德默勒尔蒂湾	独角鲸(*Monodon monoceros*)	鱿鱼
阿克帕托克岛	厚嘴海鸦(*Uria lomvia*)	黵乌贼
北美和欧亚大陆的北极和亚北极海域	白鲸(*Delphinapterus leucas*)	头足类
北极靠近大西洋一侧	独角鲸(*Monodon monoceros*)	鱿鱼
巴伦支海	格陵兰海豹(*Pagophilus groenlandicus*)	鱿鱼

续表

地点	捕食者	被捕食头足类
	冠海豹(*Cystophora cristata*)	黵乌贼属
巴罗(阿拉斯加)	髭海豹(*Erignathus barbatus*)	八腕目属
巴罗(阿拉斯加)、霍尔曼(加拿大)	环海豹(*Histriophoca fasciata*)	头足类
	斑海豹(*Phoca largha*)	头足类
	海象(*Odobenus rosmarus*)	八腕目属
巴罗海峡	独角鲸(*Monodon monoceros*)	鱿鱼
北极圈	髭海豹(*Erignathus barbatus*)	八腕目属
科茨岛	厚嘴海鸦(*Uria lomvia*)	黵乌贼
迪格斯群岛	厚嘴海鸦(*Uria lomvia*)	黵乌贼
格陵兰岛东海岸、丹麦海峡	格陵兰海豹(*Pagophilus groenlandicus*)	黵乌贼
	冠海豹(*Cystophora cristata*)	黵乌贼
白令海峡东部	白鲸(*Delphinapterus leucas*)	头足类
	格陵兰大比目鱼(*Reinhardtius hippoglossoides*)	鱿鱼
	格陵兰海豹(*Pagophilus groenlandicus*)	鱿鱼
	冠海豹(*Cystophora cristata*)	鱿鱼
	抹香鲸(*Physeter macrocephalus*)	鱿鱼
伊克利普斯海峡	独角鲸(*Monodon monoceros*)	鱿鱼
格陵兰岛	白鲸(*Delphinapterus leucas*)	头足类
汉斯岛	厚嘴海鸦(*Uria lomvia*)	黵乌贼
北极极地	北瓶鼻鲸(*Hyperoodon ampullatus*)	黵乌贼属
	黑圆头鲸(*Globicephala melas*)	黵乌贼属
	抹香鲸(*Physeter macrocephalus*)	黵乌贼属
冰岛和法罗群岛海峡	鳕(*Gadus* sp.)	黵乌贼属
		柔鱼科
	比目鱼属(*Halibut*)	黵乌贼属
		柔鱼科
伊尔明厄海、冰岛南部	北瓶鼻鲸(*Hyperoodon ampullatus*)	黵乌贼属
兰开斯特海峡	独角鲸(*Monodon monoceros*)	鱿鱼
Navy Board Inlet	独角鲸(*Monodon monoceros*)	鱿鱼
白令海峡和楚科奇海北部	白鲸(*Delphinapterus leucas*)	黵乌贼属
		八腕目属
挪威海	白鲸(*Delphinapterus leucas*)	黵乌贼属
	蓝魣鳕(*Molva dypterygia*)	黵乌贼属
	鳕(*Gadus* sp.)	黵乌贼属

续表

地点	捕食者	被捕食头足类
	格陵兰大比目鱼(*Reinhardtius hippoglossoides*)	黵乌贼属
	睡鲨(*Somniosus microcephalus*)	黵乌贼属
	鼠尾鳕科(Macrouridae)	黵乌贼属
	格陵兰海豹(*Pagophilus groenlandicus*)	黵乌贼属
		鱿鱼
	冠海豹(*Cystophora cristata*)	黵乌贼属
		黵乌贼属
	独角鲸(*Monodon monoceros*)	黵乌贼属
	北瓶鼻鲸(*Hyperoodon ampullatus*)	黵乌贼属
	长肢领航鲸(*Globicephala melas*)	黵乌贼属
	绿青鳕(*Pollachius virens*)	黵乌贼属
	鲈属(*Perca*)	黵乌贼属
	索氏中喙鲸(*Mesoplodon bidens*)	黵乌贼属
	抹香鲸(*Physeter macrocephalus*)	黵乌贼属
皮尔海峡	独角鲸(*Monodon monoceros*)	鱿鱼
庞德因莱特、伊克利普斯海峡、阿德默勒尔蒂湾	独角鲸(*Monodon monoceros*)	鱿鱼
摄政王湾	独角鲸(*Monodon monoceros*)	鱿鱼
格陵兰岛南部	格陵兰大比目鱼(*Reinhardtius hippoglossoides*)	鱿鱼
布莱海峡、克雷斯韦尔湾	独角鲸(*Monodon monoceros*)	黵乌贼属
乌马纳克(格陵兰岛西北部)	独角鲸(*Monodon monoceros*)	黵乌贼
美国阿拉斯加州西部	白鲸(*Delphinapterus leucas*)	黵乌贼属
		八腕目属
捕食者的自然保护区内	港海豹(*Phoca vitulina*)	鱿鱼
	环海豹(*Histriophoca fasciata*)	鱿鱼
	斑海豹(*Phoca largha*)	鱿鱼
	独角鲸(*Monodon monoceros*)	黵乌贼

综上可知，对于北极捕食者来说，黵乌贼及黵乌贼属中的其他种类是其主要的捕食对象，并且头足类是部分捕食者的主要食物来源。这些捕食者主要有独角鲸、抹香鲸、北瓶鼻鲸、白鲸、冠海豹、格陵兰大比目鱼等。

3.北极主要头足类的分布

北极主要头足类种类有僧头乌贼、莫氏僧头乌贼、黵乌贼、须蛸、深海多足蛸、深海蛸和西伯利亚深海蛸，大部分种类都是环北极分布，多数聚集在北极靠近大西洋一侧(图 2-7)(Niessen et al.，2010；Jonsson and Jonsson，2001；Gardiner and Dick，2010)。

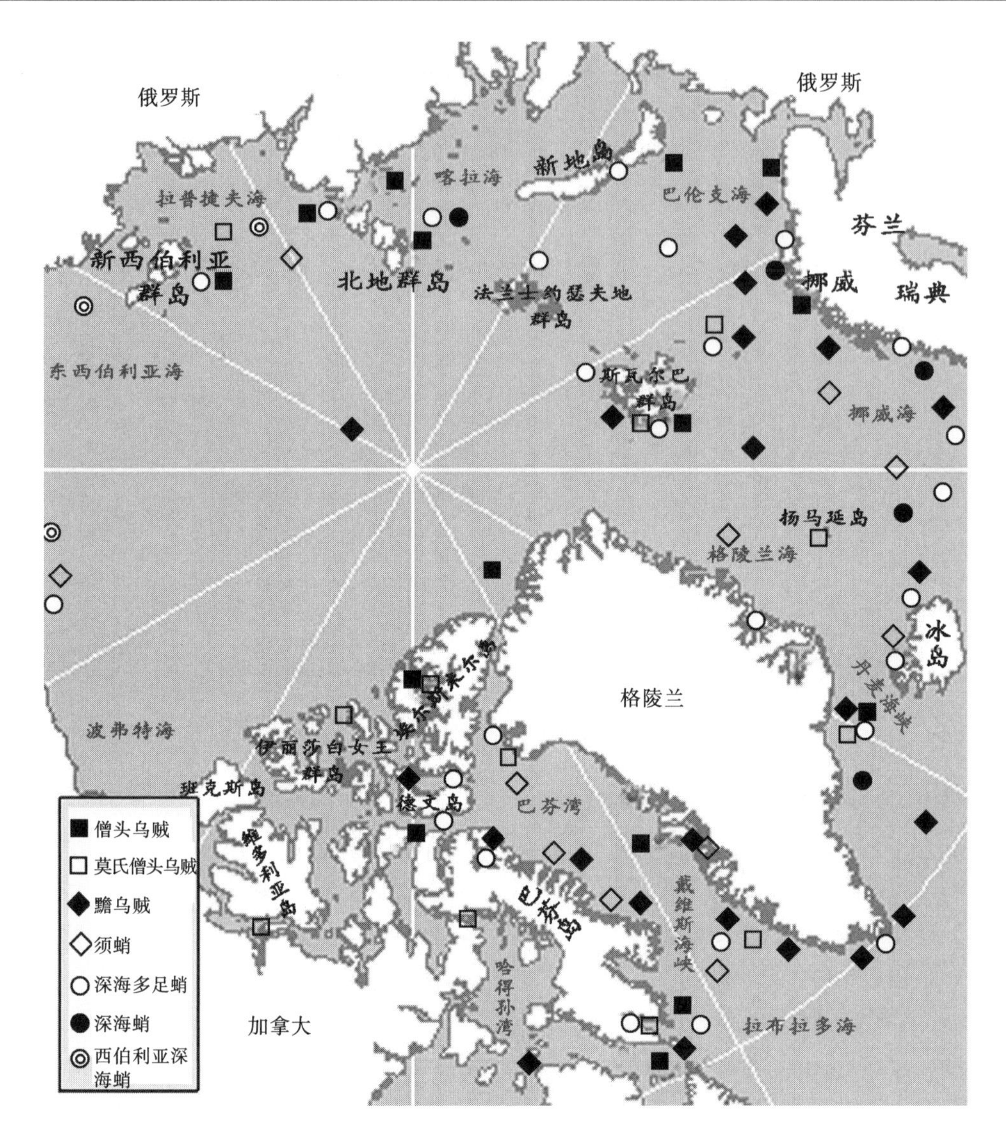

图 2-7 北极主要头足类分布范围

1)僧头乌贼

僧头乌贼的头部和外套背面有许多小圆形的乳突，最大胴长 50mm(图 2-8)。受精通常发生在公共集群内部，并排出大量受精卵。这些受精卵在直径 7～10mm 的胶囊内，在春夏季它们依附于类寻常海绵纲的某一海绵组织生存(Nesis，2001)。主要摄食小型甲壳类动物、鱼类以及小鱿鱼。在水深 10～1250m 被发现，主要集中在水深 100～500m 处。分布范围贯穿了北冰洋大部分区域，从埃尔斯米尔岛和格陵兰岛北部到美国南卡罗来纳州，包括圣劳伦斯湾、芬迪湾、冰岛和爱尔兰海岸、北海北部和丹麦海峡，西至萨默塞特岛，东至北地群岛东海岸和维利基茨基海峡(Nesis，2001；Vecchione et al.，1989)，近几年来延伸至哈得孙海峡、坎伯兰湾口、弗罗比舍湾(Gardiner and Dick，2010)。

2)莫氏僧头乌贼

莫氏僧头乌贼皮肤光滑，身体略显凝胶质，鳍前缘不超出外套前缘(图 2-9)。通常出现在水深 20～700m 处，集中于 50m 以下水深，主要分布在格陵兰岛西部、西北部和东南部，以及扬马延岛、斯瓦尔巴群岛、法兰士•约瑟夫地群岛、新地岛、北地群岛、泰梅尔半岛、埃尔斯米尔岛、巴芬岛、拉布拉多北部、富兰克林湾和不确定的育空地区。目前的分布范围包括 75°N 以南的维拉湾、皇冠湾和延伸至冰岛附近海域，也延伸至弗罗比舍湾内部和梅尔维尔岛(Gardiner and Dick，2010)。

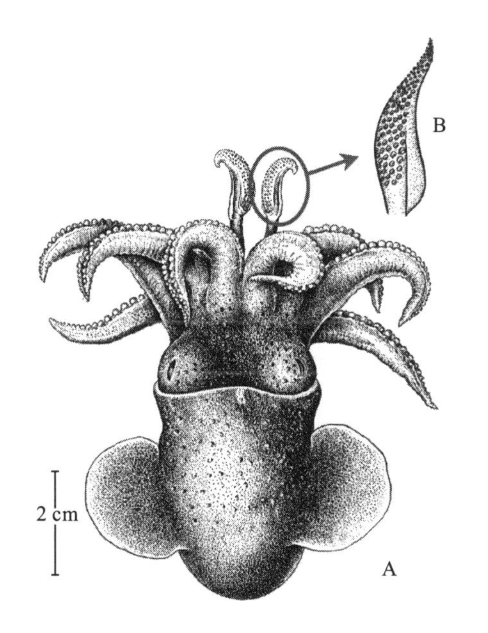

图 2-8　僧头乌贼背视(A)和触腕穗(B)(Brander，2010)

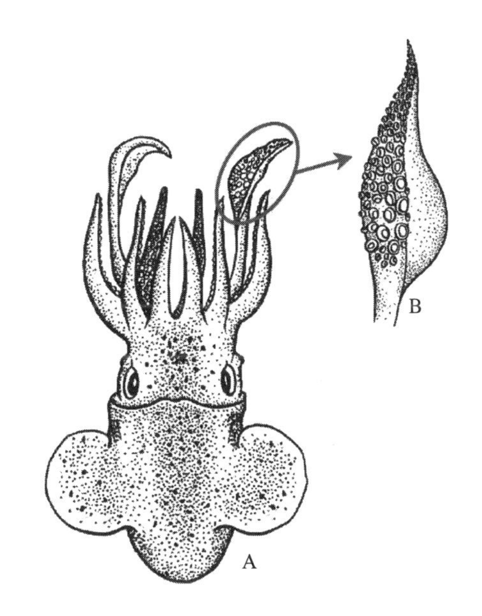

图 2-9　莫氏僧头乌贼背面图(A)和触腕穗(B)

3)黵乌贼

黵乌贼体呈瘦细的圆筒形，中部略宽，后部渐细。对于大个体，触腕Ⅰ～Ⅲ的内侧两排吸盘是被钩子取代的(图 2-10)。黵乌贼属大洋性冷水种，通常栖息于 50～2000m 水深处，产卵区域一般在 500m 水深以下(Bjørke et al.，1997)。仔鱼以桡足类、磷虾类、片脚类、翼足类、毛颚类为食。钩出现后则转以小鱼为食，成体则猎取大于自身的食物。分布在北极和北大西洋北部的亚北极水域，环抱整个极地盆地中心的深水区，格陵兰岛、挪威海、巴伦支海西部(极少量在中部)、格陵兰岛周围水域、丹麦海峡、戴维斯海峡、巴芬岛、拉布拉多海和伊尔明厄海、西北大西洋从雷恰内斯海脊到科德角和马萨诸塞州南部(Nesis，2001)。新的分布范围包括西伯利亚海东部、波弗特海(加拿大盆地)(Gardiner and Dick，2010；Clarke，1966；Raskoff et al.，2010)。

4)须蛸

须蛸体延长，凝胶质，触毛很长，鳍很大，但是眼睛很小，直径大约是头宽的 10%，雌性最大胴长为 67mm，雄性最大胴长为 79mm(图 2-11)。须蛸属大洋性底层生活种类，通常栖息于深海 500～5000m，大部分集中于底层，中层和表层比较稀少(Voss，1988)。主要分布于整个中极海盆、斯堪迪克海盆、巴芬湾、挪威海、格陵兰海、拉普捷夫海、戴维斯海峡和加拿大盆地深水区(Gardiner and Dick，2010；Raskoff et al.，2010；Voss and Pearcy，1990)。

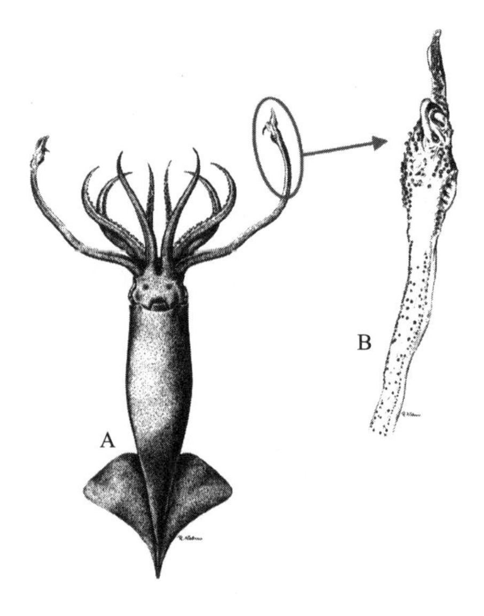

图 2-10 黵乌贼腹面图(A)和触腕钩子位置(B)(Reist et al.，2006a)

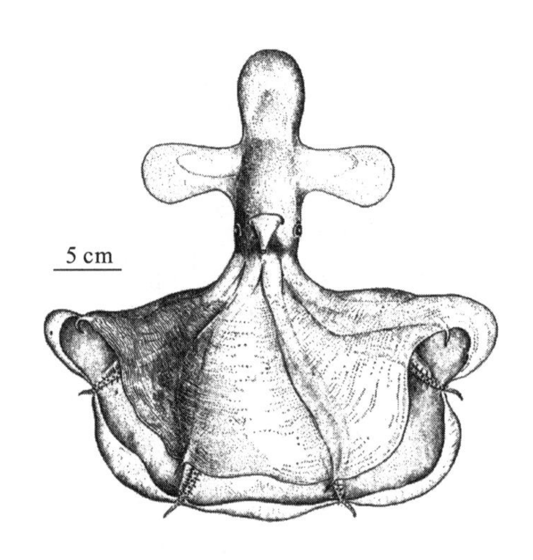

图 2-11 须蛸背视图(Brander，2010)

5)深海多足蛸

深海多足蛸体卵形，胴长约等于胴宽，头宽窄于胴宽，外套腔开口窄(图 2-12)。皮肤光滑或具乳突，有色素沉着，眼睛小，眼睛上方一簇疣突形成绒毛状突起，最大胴长 100mm，一般为 60mm。深海多足蛸属深海底栖种，通常出现在 15～1600m 水深，集中于 150～1000m 水深处。生命周期可达 3 年，性成熟时体重约 45g。雌体育卵期间不摄食，捕食随机性大，主要饵料有蛇尾类、甲壳类、多毛类、双壳类和腹足类。在北大西洋水域，分布从拉布拉多到佛罗里达东南部，包括圣劳伦斯湾和芬迪湾，从冰岛和挪威到西班牙西南部；在北冰洋水域，向西直到富兰克林湾，向东直到维利基茨基海峡；目前地图分布范围延伸至庞德因莱特和弗罗比舍湾(Gardiner and Dick，2010；Vecchione et al.，1989；Voss，1988)。

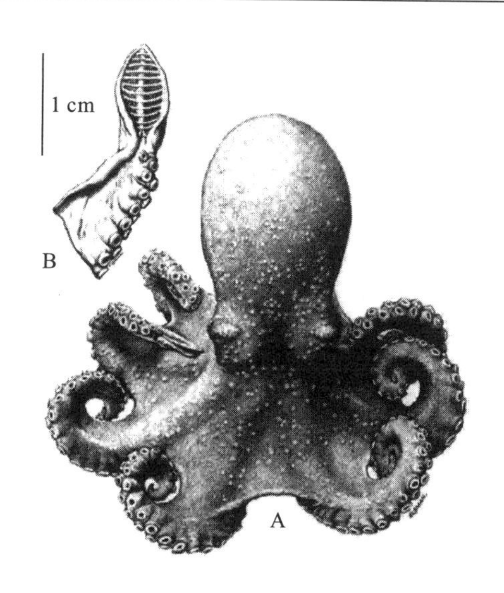

图 2-12　深海多足蛸背视图(A)和茎化腕端器(B)(Muus，2002)

6)深海蛸

深海蛸的头和胴体有皱纹，眼眶上无触毛，头小于卵形状的胴体(图 2-13)。触腕较短，几乎一样长，膜极窄，最大胴长达 100mm。深海蛸通常出现在 86～2500m 水深处，大部分集中于 200m 以下水层。北大西洋分布包括从纽芬兰到纽约海岸，丹麦海峡、爱尔兰西南部，赫布里底群岛、设得兰群岛和法罗群岛海岸，挪威、扬马延岛和斯匹次卑尔根岛西部，目前分布范围延伸至喀拉海北部(Voss，1988；Boyle et al.，1998)。

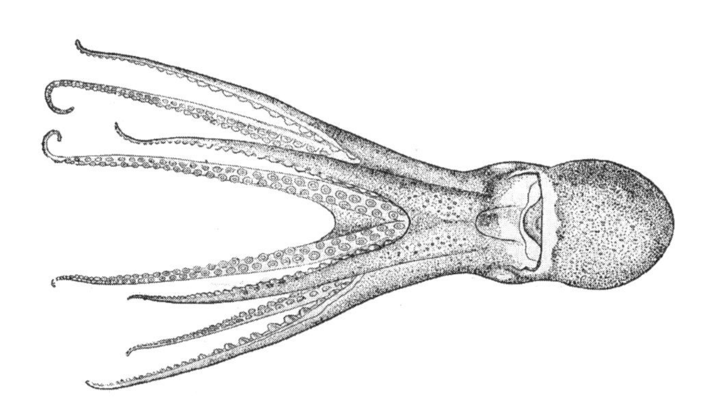

图 2-13　深海蛸形态特征示意图(Boyle et al.，1998)

7)西伯利亚深海蛸

西伯利亚深海蛸皮肤光滑，呈淡紫色，眼上方有皱纹，头小于胴体，触腕短，最大胴长 120mm。西伯利亚深海蛸通常出现在 38～220m 水深处。西伯利亚深海蛸最初来自于北太平洋，随后通过白令海迁徙到北冰洋东部，目前分布在 105°E～155°W，包括拉普捷夫海、东西伯利亚海、楚科奇海和波弗特海。

2.3 影响北极渔业的主要气候变化和环境因子

近几十年来，全球气候变化越来越显著，主要表现在高纬度地区冬季大幅度增暖，高强度的降雨，北极冰层融化速度加快，海平面逐年上升，厄尔尼诺现象明显等。气候变化是一个长期的、全球性的问题，也是一个跨学科的极其复杂的科学问题，而气候变化在北极表现得尤其明显。过去几十年，北极地区的平均温度升高值是世界其他地区的 2 倍。冰川和海冰的广泛融化、永冻层温度的上升有力表明北极在明显升温。同时，Carvalho 和 Wang(2020)表示北极气候变化会影响全球气候、海平面高度、生物多样性，甚至对人类社会、世界经济体系带来影响。

许多科学研究证明，气候变化是全球渔获量和资源分布变化的主要因素之一，全球气候变化会直接或间接影响渔场分布、鱼类洄游路线和渔汛时间等。在北极，气候变化可能导致大量土著种类消失，同时外来种类的入侵致使北极生物多样性发生变化。目前，气候变化与渔业资源分布和产量的关系已经成为相关学科的研究热点之一(Klyashtorin，1998；Hollowed et al.，2001；Sugimoto et al.，2001；Cheung et al.，2009)，而气候变化与北极渔业关系研究相对缺乏，下文通过分析气候变化对北极渔业的影响，为北极渔业资源的开发与保护提供基础资料。

2.3.1 对北极渔业影响较大的气候变化

世界气象组织发布的全球气候状况报告指出，2001～2012 年全球平均温度持续偏高，2012 年北极海冰面积仅为 3.41×10^6km^2，是开展卫星观测以来的最低纪录(王东阡等，2013)。受这些因素的共同影响，近年来全球出现显著的气候异常和极端事件。其中，对北极渔业影响较大的气候变化主要有以下几种。

1.北大西洋年代际振荡

北大西洋年代际振荡(the Atlantic multidecadal oscillation，AMO)是发生在北大西洋区域具有海盆尺度的、多十年变率的海面温度(sea surface temperature，SST)异常变化，是一种自然变率，具有 65～80a 的周期，振幅为 0.4℃(李双林等，2009)。Chylek 等(2009)研究发现 AMO 与北极气温高度相关，而且 Rogers 和 Coleman(2003)等发现 AMO 暖位相增加了大西洋部分地区的降水量，同时会增强大西洋飓风的强度和频次，对恩索(El Nino and southern oscillation，ENSO)也有调制作用，AMO 倾向于减弱 ENSO 强度。AMO 对海洋生态系统以及海洋生物也有着重要的作用，Edwards 等(2013)发现 AMO 是数十年以来海洋生物栖息地发生迁移的重要原因。

2.北极涛动和北大西洋涛动

北极涛动(AO)是北半球中、高纬度大气质量变化，类似带状的跷跷板结构，由

Lorenz(1951)最早指出这种涛动，并被 Thompson 和 Wallace(1998)命名为北极涛动。北极涛动对海冰的移动具有很大的影响，北极涛动通过海冰转移造成了冰间叠合和离散现象，进而影响潜热和显热通量的位置(陈立奇等，2003)。北大西洋涛动(NAO)是指亚速尔高压与冰岛低压的气压进行南北交替的现象，对北大西洋 40°N～60°N 的西风大小具有调节作用，对北美和欧洲的气候变化影响显著，正 NAO 态时西风增强并北移，温度升高，负 NAO 态时则呈现相反的作用(李崇银等，2002；商少凌等，2005)。事实上，北极涛动是全球尺度的一种现象，而北大西洋涛动是一个区域尺度现象(李建平等，2005)。在北海与东北大西洋的调查研究发现，其浮游生物与北大西洋涛动关系密切(陈宝红等，2009)，说明北极涛动和北大西洋涛动通过对浮游生物的影响，间接对北极渔业资源产生重要影响。

3.极涡

极涡以极地为活动中心，是大气环流最主要的系统之一，通常与副热带高压、阻塞高压、季风等环流系统相互配合，最能体现高纬大气活动特征，在全球气候变化中起着重要作用(张恒德等，2008)。有研究发现，极涡对氮氧化物、臭氧损耗等大气化学成分渗吸和输送的影响显著，同时极涡强度的变化对北极大气、海洋、海冰、生态环境有着重要的影响(Proffitt et al.，1990；Randall et al.，2006；孙兰涛等，2006)。

4.厄尔尼诺-南方涛动现象

近年来，世界气象组织宣称，厄尔尼诺现象已经成为全球气候异常的重要表现之一。厄尔尼诺现象是海洋和大气相互作用不稳定状态下的结果，指发生在赤道东太平洋附近的洋面上的海水异常增暖现象，与之相对应的是拉尼娜现象。厄尔尼诺现象可以引起海面温度(SST)、温跃层结构和海岸地区上升流的变化，这些变化对鱼类种群构成、分布范围和资源丰度等有直接影响(赵小虎，2006)。温跃层结构发生变化，使到达透光层的营养物质减少，热带暖水性鱼类向极地方向移动，冷水性物种也向极地方向洄游或进入较深水层，集群的上层鱼类分布范围更加分散并进入较深水层，以致许多定居性的鱼类因食物缺乏或无法适应温度升高而死亡。

5.大洋暖池和冷池

大洋暖池(warm pool)又称热库或暖堆，一般指的是热带西太平洋及印度洋东部多年平均 SST 在 28℃以上的暖海区(Richey et al.，2009)。与暖池相对应的是“冷池”现象。“冷池”是指夏季白令海北部海域水下出现的低温区域，“冷池”的出现是冬季海冰形成以及春夏海水表层加热等多种因素造成的。随着气候变化，“冷池”的范围也随之缩小或变大。20 世纪 70 年代中期白令海气候模式发生了大的转换，造成 70 年代后期白令海狭鳕等鱼类种群发生变化。

6.阿留申低压

阿留申低压是指位于 60°N 附近阿留申群岛一带的大范围副极地低气压(气旋)带，阿留申低压冬季位于阿留申群岛地区，到了夏季向北移动，并几乎消失。它吸引周围空气做逆时针旋转，进而吹动周围大洋表层水体形成逆时针环流系统。在北太平洋 45°N 以北，构成以阿留申低压为中心，由阿拉斯加暖流、千岛寒流（亲潮）和北太平洋暖流组成的气旋型环流系统（任广成，1991）。同时，当阿留申低压东移（伴随着厄尔尼诺现象）时，白令海海水变暖，冷池范围缩小；而西移（伴随着拉尼娜现象）时，白令海海水变冷，且冷池范围也较大。

7.臭氧层空洞

自 1986 年英国科学家惊奇地发现在南极上空有一个臭氧层空洞，自此南极臭氧层空洞备受科学家关注。然而，遗憾的是，北极地区大气酸化，臭氧层变薄，紫外线增强，科学家在北极也发现了臭氧层空洞，随着温室气体排放增加，北极上空的臭氧层空洞急速扩大（Salawitch，1998；Kerr，1998）。当平流层的臭氧层受到破坏，到达地球的紫外线将增加，而紫外线对包括浮游植物在内的水生微小生物的生长和繁殖具有损伤作用，导致水域基础生产力下降。由于北极水域的生产力较高，臭氧层遭到破坏对全球水域生产量的影响是不可忽视的，臭氧层的臭氧含量每减少 16%将使全球基础生产量损失 5%，相当于每年渔业产量减少 7×10^6t（Cullen and Lesser，1991；Cullen et al.，1992；Karentz and Lutze，1990）。

2.3.2 主要影响因子

气候变化引起的海面温度、CO_2 浓度、海平面的上升和海洋水文结构变化以及紫外线辐射增强等对海洋渔业资源有重要影响（陈宝红等，2009）。东北大西洋海面温度在 1981 年以后持续增高，特别是中部海域，同时 CO_2 浓度也不断升高，速率大约为 0.5Gt C/a，而海平面的上升速率平均为 0.5cm/a（曲金华等，2006；Efthymiadis et al.，2002）。1979～2012 年北极海冰面积持续缩减，海冰融化导致东北大西洋海平面上升、海水温度及洋流等发生变化（武炳义等，2000），1979～2007 年平均每年约有 7.06×10^5km^2 的海冰通过弗拉姆海峡流入东北大西洋（Kwok，2009）。另外，北大西洋涛动（NAO）（Ottersen and Stenseth，2001）和北大西洋年代际振荡（AMO）（Alheit et al.，2014）等气候变化也会对东北大西洋渔业资源产生影响。

1.海水温度升高

鱼类生长发育需要一个适宜的温度。水温升高使鱼类时空分布范围和地理种群量及组成结构发生变化，同时也会造成海域初级生产者浮游植物和次级生产者浮游动物的时空分布和地理群落构成发生长期趋势性的变化，最终导致以浮游动物为饵的上层食物网发生结构性改变，从而对渔业产生深远的影响（Aebischer et al.，1990；Frank et al.，1990）。由于北极圈温度升高，格陵兰海冰融加快，大气-海洋作用引起的环北极表层冷水流加强，大西洋 59°N 以北浮游植物的丰度和峰值季节长度呈相反的逐年下降的趋势（Reid et al.，1998）。

随着海水温度升高，一些鱼类会向高纬度地区迁移，寻找适宜它们生活的海域。暖水性生物栖息地已向北移动，而冷水性种类种群数量下降、栖息范围缩小(方精云，2000)。如自 1962 年以来北海海底的水温上升了大约 1℃，36 种当地鱼类中有 15 种追随冷水游向北方，最大迁徙距离达 400km(王亚民等，2009)。海水温度升高还会影响北极海洋的洋流、海冰分布、径流量及盐度等，这些因素都与海洋生态群落结构及栖息密切相关，并成为世界渔业不稳定的重要因素。

2.海平面上升

气候变化引起海平面上升，主要源于海水体积的热膨胀、北极海冰加速融化以及陆地水加速汇入海洋。海平面上升使海啸、风暴潮等极端海洋灾害更容易发生，损失更为严重。这些极端海洋灾害会影响鱼类繁殖的场所，致使濒危珍稀物种灭绝，生态发生退化，对渔业生产的负面影响是巨大的(Costa et al.，1994；于子江等；2003)。

海平面上升，径流量增大，对沿岸河口环流和盐水的入侵有重要影响(杨桂山和朱季文，1993)。当海平面升高，来自北太平洋的水流能够穿越白令海峡(其岩床深度为50m)，对北极和北大西洋的淡水和营养平衡产生影响，进而影响北极渔业资源的结构和资源量。

3.海冰变薄变稀

在 2003 年以前的 30 年里，海冰面积平均减少了 8%，并且海冰融化趋势加快，同时冰层的厚度也在不断减小。1978～2013 年 11 月的海冰面积整体上呈振荡减少的趋势(图 2-14)(Shakhova et al.，2013)。同时，美国海军对 1978～1998 年核潜艇观测到的海冰厚度数据进行分析，发现在北冰洋中部海冰变薄了 43%(Rothrock et al.，1999)。其中 1972～1991 年北冰洋海冰厚度年平均减少 0.5～1.0cm(Johannessen et al.，1999)。北极冬、夏季海冰的交替变化以及北冰洋与北太平洋和北大西洋的水交换是全球冷热循环的重要冷源，是全球气候变化的重要驱动力。北极区域海冰的变化将影响全球环境和气候，尤其是影响北半球的环境和气候。

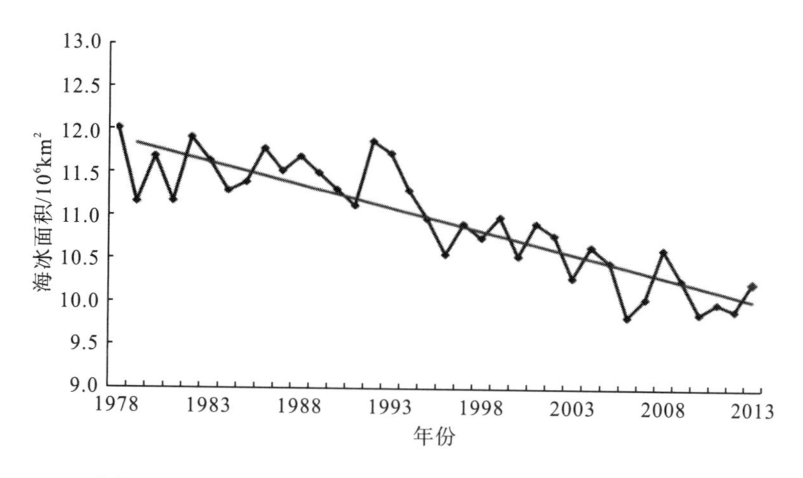

图 2-14　1978～2013 年 11 月北极海冰面积月平均值变化图

北极海冰滋养了作为北极地区食物链基础的浮游生物和微生物(Roach et al.，1995)，支持了一个极富生产力的海冰生物群落(Kinnard et al.，2011)。海冰面积缩减会影响淡水输入，从而影响北极生物种类所占比例和分布特性，使北极洋流受到巨大影响，而北极洋流给人类带来了丰富的渔业资源(孙英和凌胜银，2012)。纽芬兰渔场、北海渔场、北海道渔场均得益于北极洋流的影响(Horner et al.，1992；彭海涛，2011)。海冰是北冰洋生态系统中一个最为显著的环境特征，北极生态系统变化会对北极渔场分布和渔获量造成影响。海洋循环造成的海洋生态系统的巨大变化会影响传统渔区，北冰洋有可能成为潜在的新渔场。

4.海水酸化

由于人类大量使用化石燃料和砍伐森林，CO_2不断汇集并被海洋吸收。有研究者基于175°E的观测，指出1975～1995年人为产生的CO_2在北太平洋2000m以上深度的亚极地区有280gC・m^{-2}的累积(Watanabe et al.，1996)。自18世纪工业革命以来，人类活动释放的CO_2约有1/3被海洋吸收，海水表面的酸性增长了30%。海水酸化会影响鱼类栖息地及其食物来源。例如，海水酸化会导致藻类生理调节机制的变化，而究竟导致藻类固碳量增加还是减少，取决于酸化与CO_2浓度升高效应的平衡(Wu et al.，2008)。

海水酸化会影响海洋中离子的存在形式，从而改变不同形态离子的浓度与比例，引起细胞膜氧化还原系统的变化，在低pH条件下，海水中游离的Fe离子会增加，但海水酸化会导致浮游植物对Fe离子的吸收量下降(Shi et al.，2010；Sunda and Huntsman，2003)。如果海水不断酸化，将日益破坏整个北极海洋生态系统，珊瑚、贝壳类以及骨骼含钙的海洋生物会因为钙代谢失常而生长缓慢，数量减少，而以这些海洋生物为食的鱼类也会随之减少甚至灭绝。有人估计，海水酸化每年造成的经济损失以百亿美元计，其中海水酸化可能使海洋渔业生产成本增加了10%。

同时，由于北极海洋中的许多鱼类生长缓慢，鱼体适应海水酸化的能力可能更低，因此北极海洋中的鱼类以及生态系统对海水酸化的反应更为敏感(陈立奇等，2013)。

5.洋流变化

北极洋流方向为逆时针，环流西部为寒流，东部为暖流。北极洋流系统由北大西洋暖流的分支挪威暖流、西斯匹次卑尔根暖流、北角暖流和东格陵兰寒流、拉布拉多寒流以及波弗特环流和穿极漂流组成(曹玉墀，2010)。北极海域地处寒流、暖流交汇处，渔业资源丰富，巴伦支海、挪威海和格陵兰海都属世界著名的渔场(叶晓，2009)。

第 3 章　渔获组成及气候和海洋环境变化分析

3.1　研 究 海 域

由于 FAO 划定的 18 渔区常年被海冰覆盖，渔业数据和海洋环境监测数据不完全，故本书选取大部分位于北极圈内的 27 渔区(36°N～90°N，42°W～69°E)为研究区域，包括东北大西洋全部和北冰洋部分区域，FAO 统称为东北大西洋，主要海域有巴伦支海、格陵兰海、挪威海和北海等(图 3-1)。

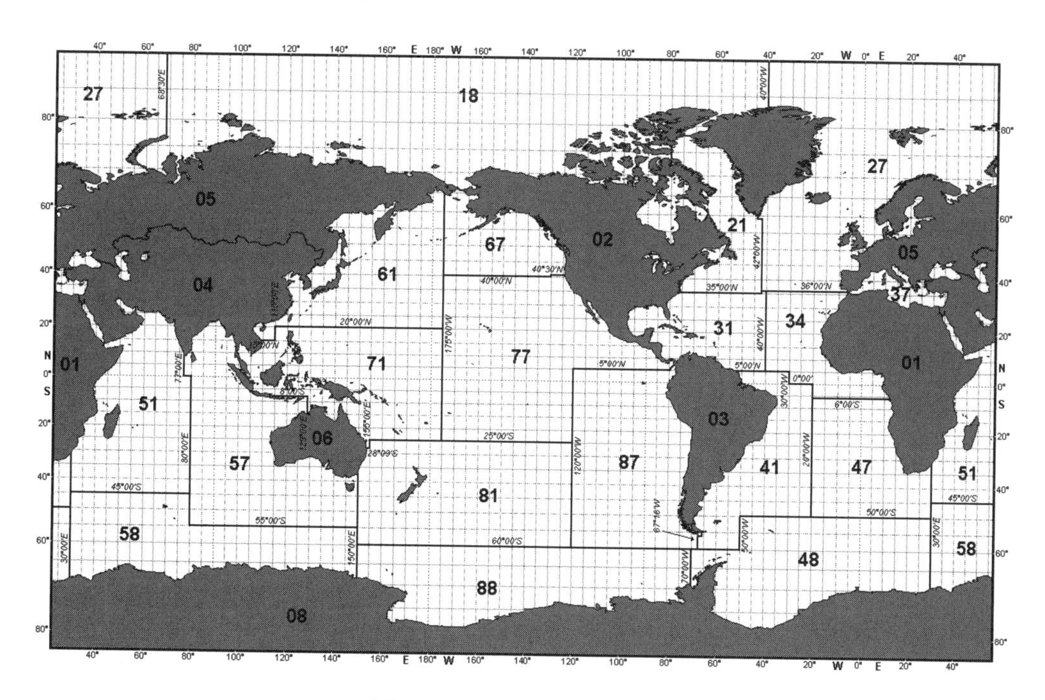

图 3-1　FAO 世界渔区划分图

本书通过分析 1950～2012 年东北大西洋(27 渔区)渔获物的渔获量和营养级，研究渔获物平均营养级、渔业平衡指标和渔获组成及其时间序列变化情况。渔获数据来自 FAO 网站，以国际水生动植物标准统计分类方法下载，可获得 1950～2012 年东北大西洋海域的渔获量，其中海洋鱼类共 96 科 226 种，洄游鱼类共 6 科 16 种，软体动物共 23 科 29 种，甲壳类共 19 科 22 种，其每年渔获量占所有渔获量的 94%～99%。相关渔获物的营养级主要来自 FishBase，少部分来自 SeaLifeBase。本书主要分析渔获组成及环境对其的影响，所以淡水鱼、养殖鱼等不在研究的范围内。数据具体见附录。

北海渔场鱼类群落结构年际变化的研究基于 2001～2015 年北海国际底拖网的调查数据，研究范围为 51°N～61°N、4°W～11°E，调查采样站点以每纬度 0.5°×经度 1°为一个调查矩形范围，每个站点当年至少有 2 次拖网采样。采样时采用同一类型的底层有翼单囊拖网，拖网速度为 4kn，每次拖网时间为 0.5h。调查数据包括地点、时间、网次、拖网时间、物种名称和丰富度指数(CPUE，$ind \cdot h^{-1}$)等。进行分析之前，将每个年份中每个站位的渔获量统一标准化为每小时的渔获量。

北海渔场的捕捞努力量数据来自欧盟渔业科学技术与经济委员会。作业方式为桁拖网和网板拖网。东北大西洋捕捞产量来自 FAO，单位为吨(t)。环境数据主要有海冰面积(S_I)、海面温度(SST)、海面盐度(sea surface salinity，SSS)、海面高度(sea surface height，SSH)、海洋流速(V_c)和叶绿素浓度(CHLOR)。海冰面积来自美国国家冰雪数据中心，海面温度、海面高度、海洋流速、叶绿素浓度、海面盐度、AMO 指数、北大西洋涛动(NAO)指数和北极涛动(AO)指数来自 NOAA，北半球海陆温度异常(temperature abnormal，TA)指数来自东安格利亚大学气候研究中心，大西洋欧洲区极涡面积(polar vortex area，PVA)指数、极涡强度(polar vortex intension，PVI)指数来自中国气象局国家气象信息中心。

3.2 渔获组成分析

为了观察每个种群占总渔获量比例的变化，把已开发的种群分成三种营养级类别(Pauly et al., 2002)：食草动物、腐蚀者和杂食者(TrC1：TL 2.0～3.0)，中级食肉动物(TrC2：TL 3.01～3.50)，高级食肉动物和顶级捕食者(TrC3：TL>3.51)。渔获物平均营养级(TL_j)为某一年，某渔获种类 i 的个体营养级乘以渔获量(Y_i)，再采用加权平均获得(Pauly et al., 1998)。即

$$TL_j = \frac{\sum TL_{ij} \cdot Y_{ij}}{\sum Y_{ij}} \tag{3-1}$$

式中，TL_j 为 j 年的平均营养级；Y_{ij} 为渔获种类 i 第 j 年的渔获量；TL_i 为渔获种类 i 的营养级。

渔业平衡指数(fishing in balance index，FIBI)用于指示东北大西洋渔区渔业在生态学方面是否处于平衡。FIBI 增加表示渔场扩大(包括区域或者扩张超出了原先的生态系统，种群原先未开发，或仅进行轻微的开发)或者发生自下而上的影响；相反地，减少则表明渔场缩小，或者潜在食物链的崩溃。FIBI<0 可能与渔业不平衡相关，即当前实际捕捞量低于基于食物网生产力的理论捕捞量(Pauly et al., 1998, 2000)。FIBI 计算如下(Pauly et al., 2000)：

$$FIBI = \lg\left[Y_j \cdot (1/TE)^{TL_j}\right] - \lg\left[Y_0 \cdot (1/TE)^{TL_0}\right] \tag{3-2}$$

式中，Y_j 为 j 年的渔获量；TL_j 为 j 年的平均营养级；TE 为营养转化效率，本书设为 0.1。Y_0 和 TL_0 分别为 1950 年的渔获量和平均营养级。

渔获组成随时间(年际组)的变化采用两个统计方法(聚类分析和非度量多维尺度分析),具有被认可数据的显著模型。在年际组之间通过聚类分析和非度量多维尺度分析鉴定,渔获组成随着时间变化的差异是用相似性分析检验进行检测的。相似性分析检验提供的显著水平和 R 型统计量组合比较被用于检测年际组之间的差异性,R 型统计量近似于 1 表示物种组成显著差异,近似于 0 则说明没有显著差异。对每个年际组,我们把目标物种按相似性或者差异性进行分类(Clarke,1993)。

根据栖息水层深度将鱼类划分为中上层鱼类、中下层鱼类和底层鱼类,观察东北大西洋各水层渔获量变化状况。为了观察每个群体占上述界定时间段的渔获总量比例的变化,把已开发的物种按照国际水生动植物标准统计分类分为海洋鱼类、洄游鱼类、软体动物及甲壳类,其中海洋鱼类按食性分为浮游植物食性、浮游动物食性、底栖生物食性及游泳生物食性(表 3-1)(丁琪等,2013),同时按水温适应情况分为暖水性、温水性和冷水性(苏锦祥,2010)。

表 3-1 海洋鱼类的食性

食性分类	主要食物
浮游植物	浮游植物、腐屑、悬浮有机物
浮游动物	浮游动物、鱼卵、幼鱼
底栖生物	底栖生物
游泳生物	鱼、头足类

PPR 评估时按 9∶1 将渔获物湿重转换成碳,PPR 一般用于评估维持渔场的初级生产力需求,公式如下:

$$\mathrm{PPR}=(Y/9)\cdot 10^{(\mathrm{TL}-1)} \tag{3-3}$$

式中,PPR 为初级生产力需求(primary productivity requirement)($\mathrm{g\ C\cdot km^{-2}\cdot a^{-1}}$);$Y$ 为上岸量;TL 为平均营养级。

我们的评估是保守的,丢弃没有被计算在内,同时部分渔获量没有被记录在官方的渔业统计数据内。这些未被记录的渔获量会导致渔业趋势被低估,使上岸量的平均营养级(mTL)、FIBI、渔获组成和 PPR 评估产生偏差。

3.3 气候和海洋环境变化分析

小波分析方法具备多分辨率的特点,在时域、频域有着表征信号局部特征的能力,并且细化多尺度进行分析,得到各频率的周期变化和不同频率间的关系。主要使用软件是 MATLAB R2012a 和 Excel 等;使用曼-肯德尔(Mann-Kendall)算法检验(Hamed,2008)可以分别得到 UF 和 UB 的曲线图。其中两者的值有一个大于 0,说明序列呈增长趋势,小于 0 则呈下降趋势;当它们超过信度线便说明增长或下降趋势显著;当它们的交点在信度线内则说明此点或许是突变的起始。

环境数据与渔业资源的关系用生物-环境分析和相关检验进行分析检验，使用的软件是 Primer 6(周红和张志南，2003)。

神经网络中的误差逆传播算法(back propagation algorithm，BP)在渔情分析和预报中得到很好的运用，本书用来做渔获量预测。为了选择合适的神经网络模型，设定了多种方案。

方案 1：选取年份、S_I共 2 个因子作为输入层，构造 2-2-1 和 2-1-1 的 BP 网络结构。

方案 2：选取年份、S_I、SST 共 3 个因子作为输入层，构造 3-3-1 和 3-2-1 的 BP 网络结构。

方案 3：选取年份、S_I、SST、SSH 共 4 个因子作为输入层，构造 4-3-1 和 4-2-1 的 BP 网络结构。

方案 4：选取年份、S_I、SSS、SSH、SSS 共 5 个因子作为输入层，构造 5-4-1 和 5-3-1 的 BP 网络结构。

方案 5：选取年份、S_I、SST、SSH、SSS、V_c共 6 个因子作为输入层，构造 6-5-1 和 6-4-1 的 BP 网络结构。

方案 6：选取年份、S_I、SST、SSH、SSS、V_c、CHLOR 共 7 个因子作为输入层，构造 7-6-1、7-5-1 和 7-4-1 的 BP 网络结构。

应用数据处理系统(data processing system，DPS)进行 BP 神经网络模型计算，以最小拟合残差作为判断最优模型的标准(徐洁等，2013)。

3.3.1 群落多样性变化研究

采用香农-维纳(Shannon-Wiener)多样性指数(H')、马加莱夫(Margalef)物种丰富度指数(D)、皮卢(Pielou)均匀度指数(J)计算鱼类群落多样性，公式分别为：

Shannon-Wiener 多样性指数：

$$H' = -\sum_{i=1}^{S} P_i \ln P_i$$

Margalef 物种丰富度指数：

$$D = (S-1)\ln N$$

Pielou 均匀度指数：

$$J = \frac{H'}{\ln S}$$

式中，S 为物种数；N 为总尾数；P_i 为第 i 种生物的丰度占总生物丰度的比例。

3.3.2 群落结构变化多元统计分析

根据丰富度指数 CPUE 平方根转换后计算布雷柯蒂斯相似性系数矩阵，利用聚类分析方法和非度量多维尺度分析研究群落结构的年际变化。使用单因子相似性分析对不同年际组间群落结构差异进行显著性检验，并利用相似性百分比分析造成各组内群落结构相似的典型种以及造成不同组之间群落结构差异的分歧种。该过程采用 Primer 5.0 进行统计分析和作图。

3.3.3 格局变化分析

利用格局转变序贯 t 检验(STARS 算法)的方法计算造成不同年际组差异的分歧种和环境因子 SST 的格局转变指数 R_{I}，研究该种群发生转变的时间，分析转变前后特征变化。计算过程如下。

依据 t 检验，确定具有显著差异的两格局(两组连续数据)的平均值：

$$\mathrm{diff} = \bar{X}_{\mathrm{new}} - \bar{X}_{\mathrm{cur}} = t\sqrt{2\sigma_l^2 / l}$$

式中，X 为两组连续的数据，$\bar{X}_{\mathrm{new}}$ 和 $\bar{X}_{\mathrm{cur}}$ 为新出现的和当前格局的平均值，l 为选取连续数据的时间长度，t 为给定可信度条件下自由度为 $2l-2$ 的 t 值分布，σ 为变量 X 中 l 年时间长度的标准差。

以 $\bar{X}_{\mathrm{cur}}$ 为初始值，在接下来的 l 年中，其数值 $\bar{X}_{\mathrm{new}}$ 必须达到 $\bar{X}_{\mathrm{new}} = \bar{X}_{\mathrm{cur}} \pm \mathrm{diff}$，才能认定新格局的出现，以此类推对所有年份的数据进行检验。

当新的格局 $\bar{X}_{\mathrm{new}}$ 确定后，可计算 R_{I} 来反映格局转换的程度。

$$R_{\mathrm{I}} = \frac{1}{l\sigma_l}\sum_{i=t_{\mathrm{cur}}}^{m}(X_i - \bar{X}_{\mathrm{cur}}), m = t_{\mathrm{cur}}, t_{\mathrm{cur}}+1, \cdots, t_{\mathrm{cur}}+l-1$$

式中，m 为新格局出现后至第 m 年中的年份数，X_i 为 i 年份的变量。

如果在新的格局中出现相反的 R_{I} 值，则意味着该格局判别失败，若 $R_{\mathrm{I}}=0$，则格局未发生转变，继续进行检验。

计算前需要对三个参数进行预设，每一组连续数据 X 的时间长度 l 取 3(单位：年)，各组 X 间差异显著性水平取 0.1，用于处理异常值的胡伯尔(Huber)参数取 1，即当标准差 $\sigma>1$ 时观测数据会被压缩以减少影响。该过程采用 STARS 算法的 VBA 程序在 Excel 2013 中进行统计分析和作图。

第 4 章　气候变化特征和环境因子变化特征

4.1　气候变化特征

4.1.1　周期分析

根据标准化的 AMO 指数、NAO 指数、AO 指数、TA 指数、PVA 指数以及 PVI 指数时间序列分析，AMO 指数和 TA 指数呈正相关关系(相关系数 0.662)，NAO 指数和 AO 指数呈正相关关系(相关系数 0.751)，而 PVA 指数和 AO 指数、TA 指数呈负相关关系(相关系数分别为-0.509，-0.581)，均超过了 0.01 的显著性检验。另外 NAO 指数和 TA 指数呈负相关关系(相关系数仅-0.124)，以及 AO 指数和 TA 指数呈正相关关系(相关系数仅 0.138)，均没有超过 0.05 的显著性检验，说明两组线性相关程度较弱。

从 AMO 指数的 9a 移动平均可以看出，从 20 世纪 50 年代中期到 70 年代中期呈下降趋势，之后呈上升趋势。NAO 指数和 AO 指数的 9a 移动平均基本上呈相同的变化趋势，均在 90 年代前呈上升趋势，之后呈下降趋势。TA 指数的 9a 移动平均在 50 年代中期到 70 年代中前期呈下降趋势，而后一直呈上升趋势。PVA 指数和 PVI 指数的 9a 移动平均变化趋势部分相似，在 50 年代中期到 60 年代中期均呈现上升趋势，之后呈下降趋势，而在 70 年代初期到 90 年代中后期，PVA 指数的 9a 移动平均变化趋势相对 PVI 指数的 9a 移动平均波动较大(图 4-1)。

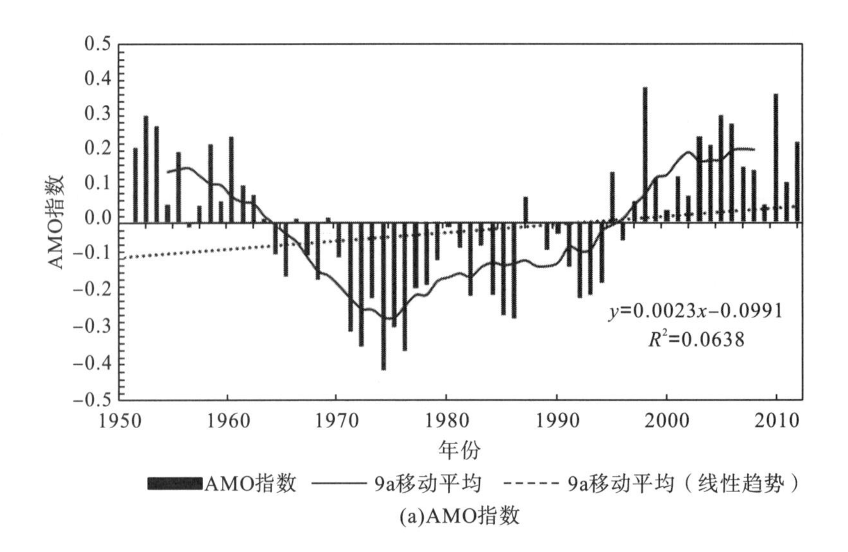

(a)AMO指数

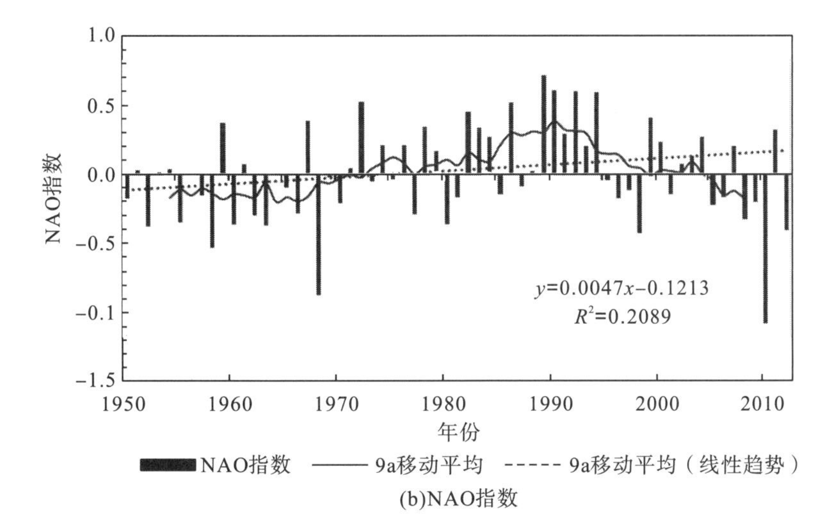

(b)NAO指数

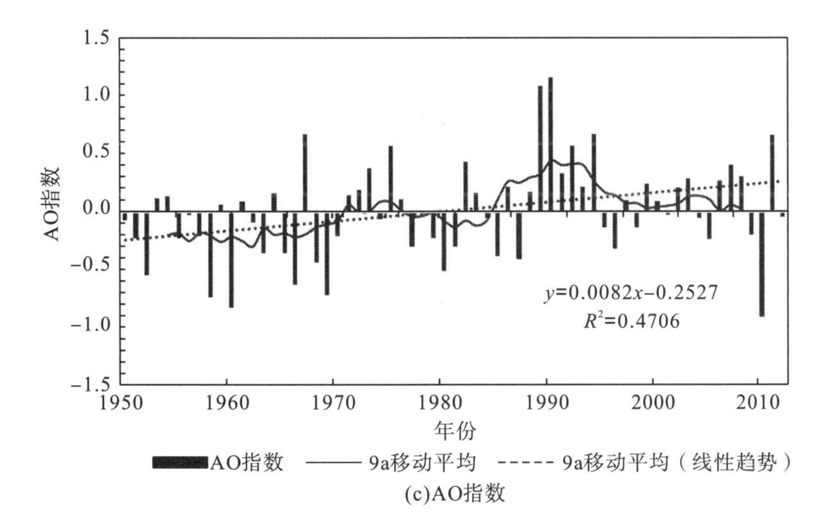

(c)AO指数

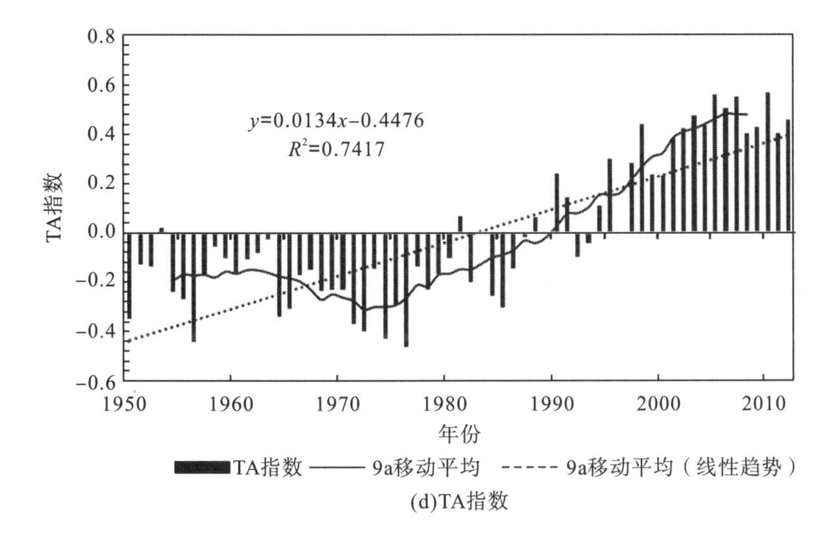

(d)TA指数

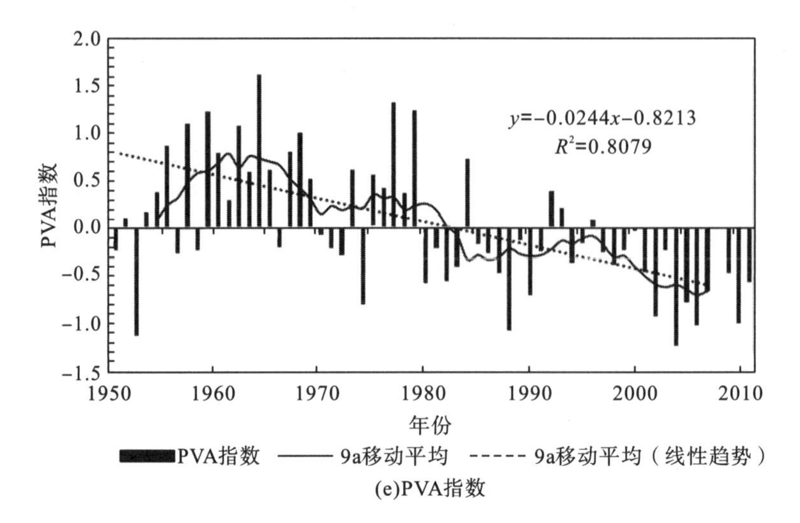

(e)PVA指数

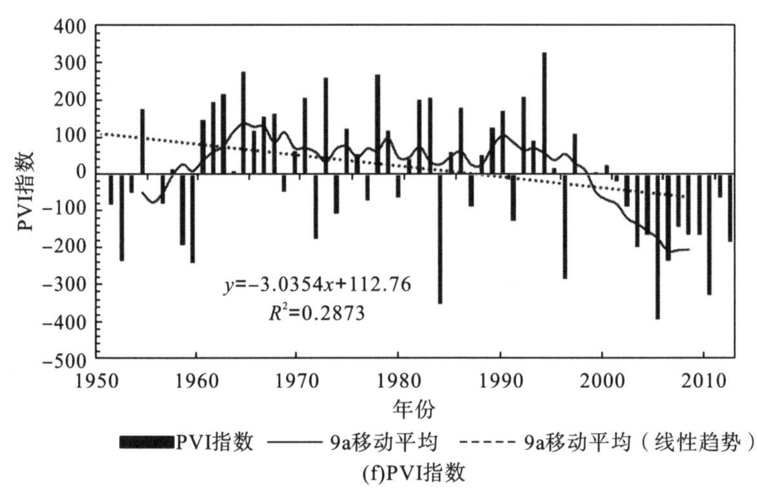

(f)PVI指数

图 4-1 各指数标准化距平

从它们的线性趋势来看，AMO 指数、NAO 指数、AO 指数以及 TA 指数有上升趋势，而 PVA 指数和 PVI 指数有下降趋势。计算得到它们的变化趋势率分别为 0.023/(10a)、0.047/(10a)、0.082/(10a)、0.134/(10a)、−0.244/(10a)、−30.354/(10a)，以及变化趋势系数分别为 0.0638、0.2089、0.4706、0.7417、0.8079、0.2873，其中 AO 指数、TA 指数以及 PVA 指数超过了 0.01 的显著性检验，说明 AO 指数和 TA 指数的上升趋势以及 PVA 指数的下降趋势明显(图 4-1)。

本章利用小波分析方法来分析各指数的周期变化，各指数变化均具有多重周期。由图 4-2(a)可以看出，AMO 指数主要存在准 28a 及准 12a 周期，20 世纪 80 年代到 21 世纪初周期信号较强。另外，在 70 年代中期以前 AMO 指数还存在 4～5a 周期，70 年代中期以后 AMO 指数还存在准 5a 的周期，但信号较弱。由图 4-2(b)可以看出，NAO 指数主要存在准 24a 周期，80 年代以前存在准 9a 周期，以后存在准 6～7a 周期，50 年代中期到 70 年代初还存在准 4a 周期，以及 70 年代之后还存在准 14a 周期，但信号均较弱。由图 4-2(c)

可以看出，AO 指数主要存在准 14a 周期、准 5～6a 周期，此外在 70 年代之后存在准 26a 周期，但是信号相对要弱一些。

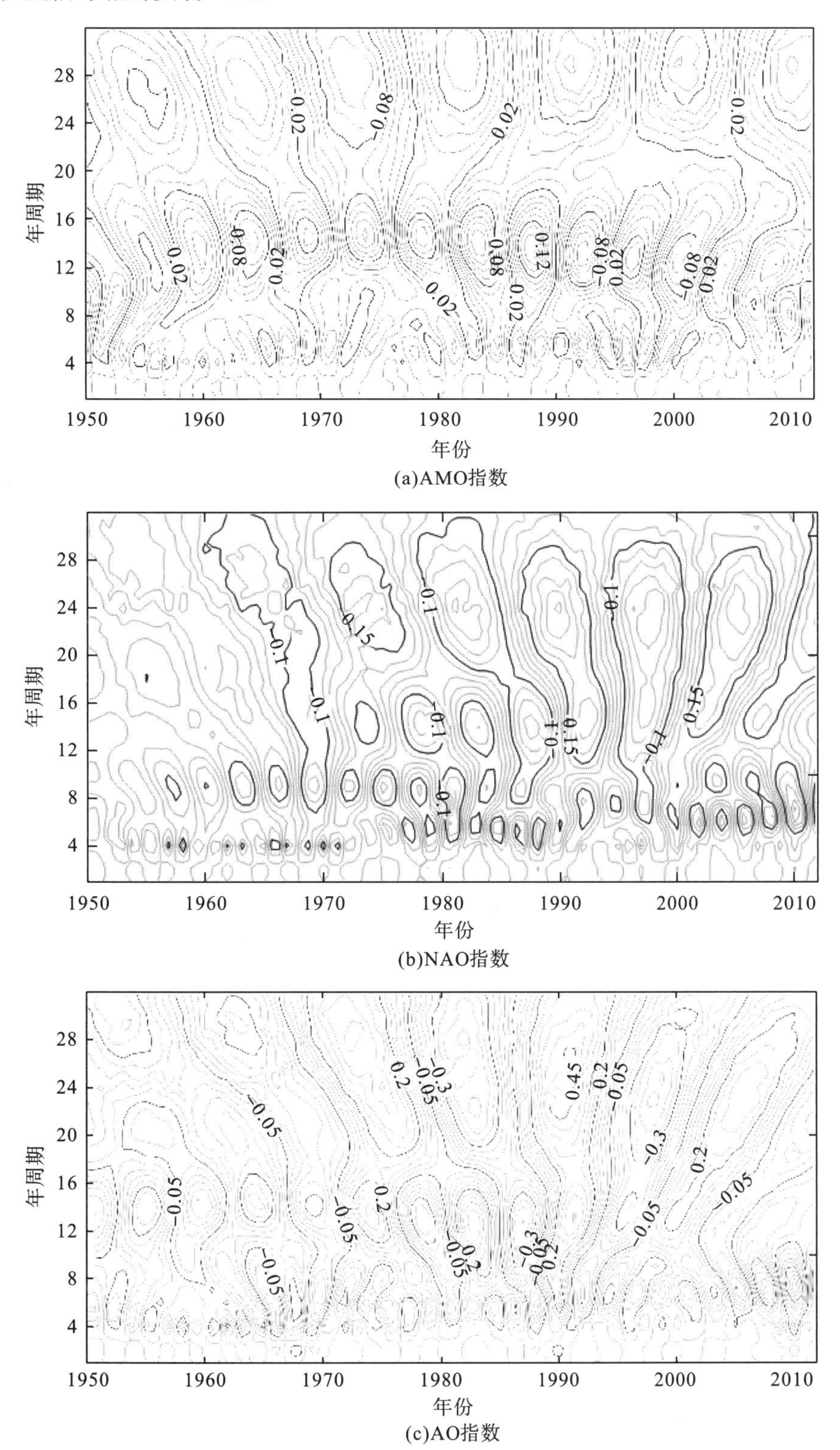

(a)AMO指数

(b)NAO指数

(c)AO指数

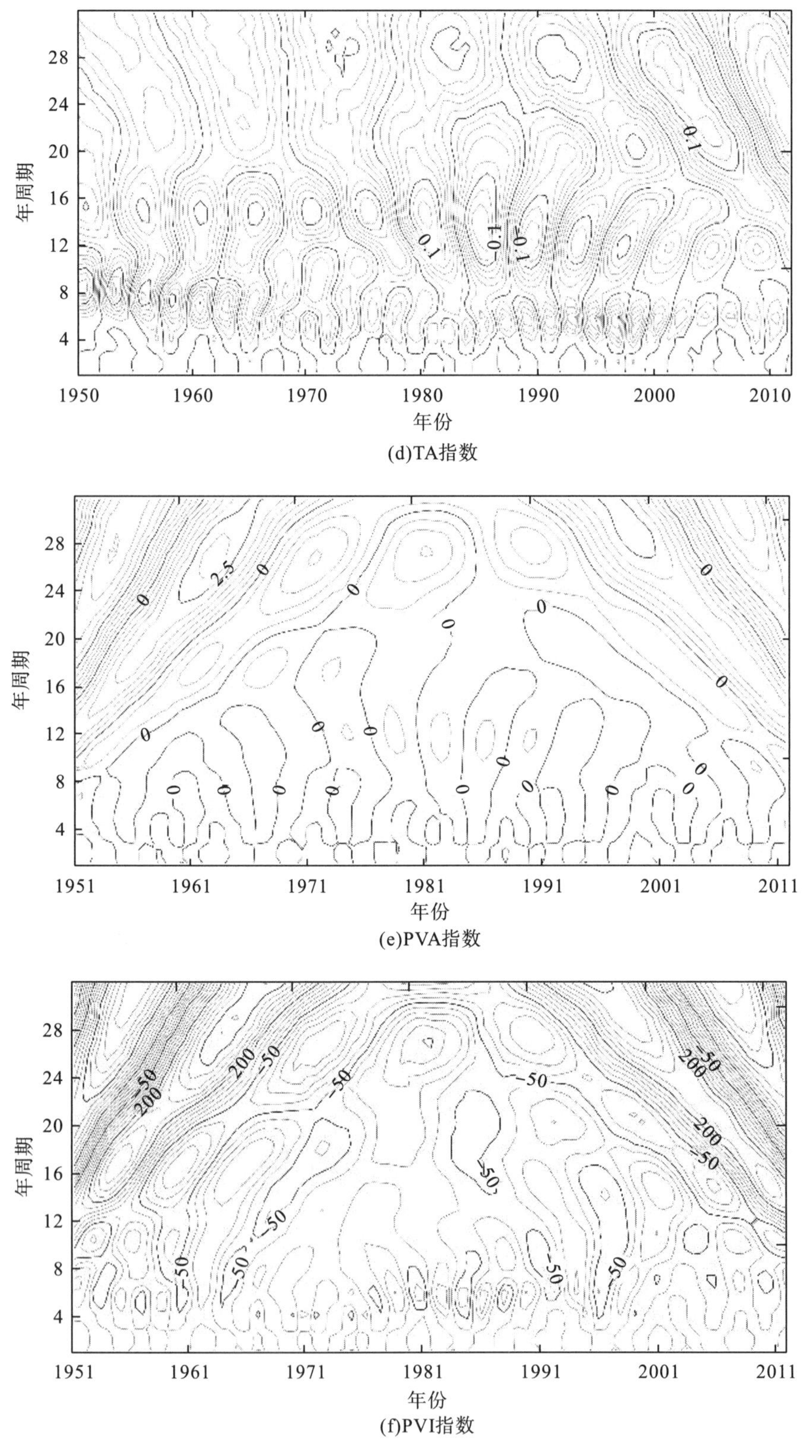

(d)TA指数

(e)PVA指数

(f)PVI指数

图 4-2 指数小波分析的实数部分系数分布

由图 4-2(d)可以看出，TA 指数主要存在准 14～15a 周期及准 6～7a 周期，其他年际变化周期信号不明显，此外在 70 年代以后还存在准 29a 周期，信号相对较弱。由图 4-2(e)可以看出，PVA 指数主要存在准 26a 周期，其他年际变化周期不明显。由图 4-2(f)可以看出，PVI 指数主要存在准 27a 周期，60 年代中期以前，还存在准 16a 周期，之后存在准 4～5a 周期，信号相对较弱。

由 AMO 指数、NAO 指数、AO 指数、TA 指数、PVA 指数及 PVI 指数的小波分析可以看出，它们有相似的年代际变化周期，大多数分布具有准 4～6a、准 7～9a、准 12～14a 和准 26～28a 周期。

4.1.2　年代际变化分析

本章利用 Mann-Kendall 算法检验 AMO 指数、NAO 指数、AO 指数、TA 指数、PVA 指数以及 PVI 指数的突变。由图 4-3 可以看出，AMO 指数和 TA 指数在研究时间序列期间没有检测到突变现象，但在 2012 年之后有突变的倾向。NAO 指数分别在 1962 年、1966 年、1968 年和 2008 年前后有突变现象，AO 指数分别在 1971 年、1979 年和 1988 年前后有突变现象，PVA 指数和 PVI 指数均在 1961 年前后有突变现象。

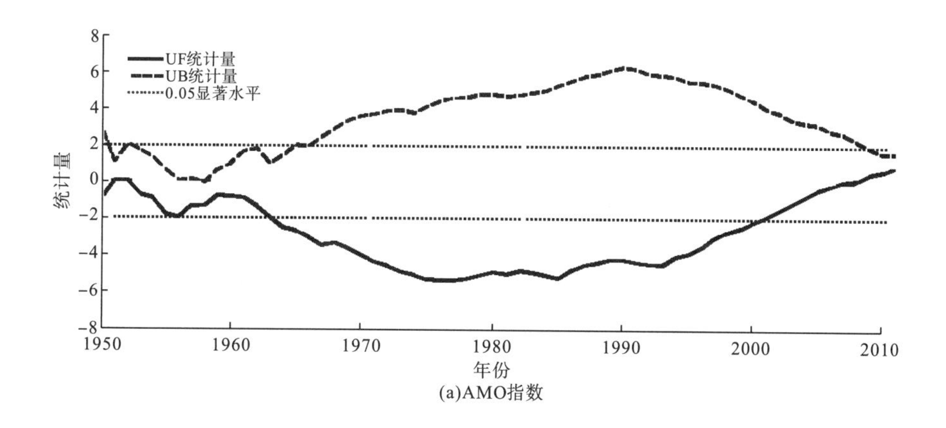

(a)AMO指数

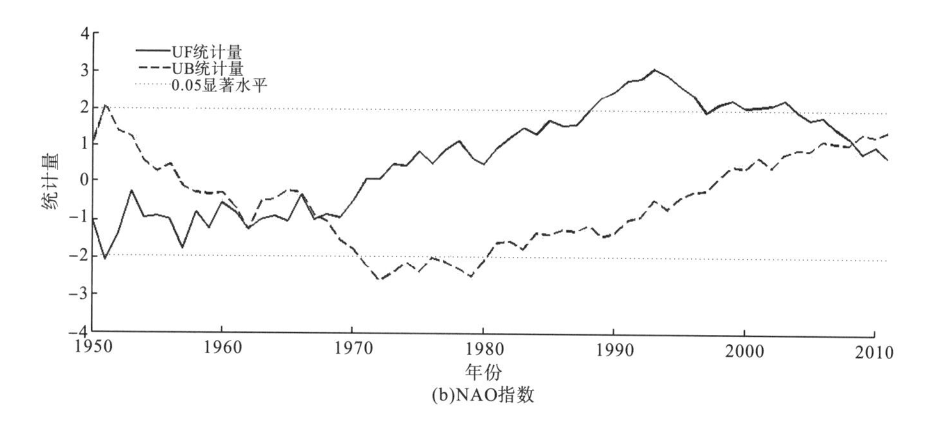

(b)NAO指数

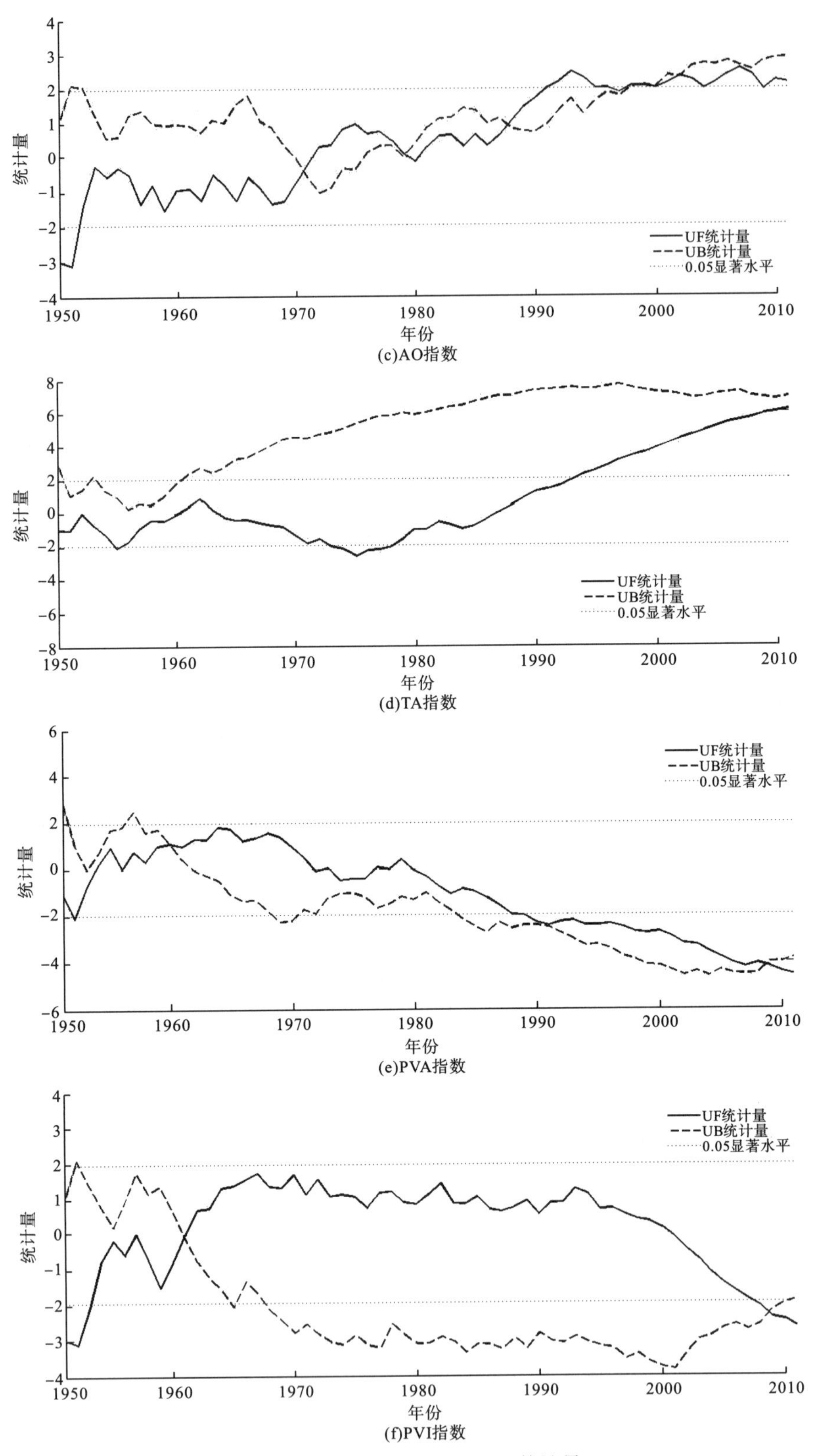

图 4-3 指数的 Mann-Kendall 统计量

4.2　环境因子变化特征

4.2.1　周期分析

根据标准化的 S_I、SST、SSS、SSH、V_c 以及 CHLOR 的时间序列分析，SST 和 SSS 呈正相关关系(相关系数为 0.523)，SST 和 SSH 呈负相关关系(相关系数为-0.724)，均超过了 0.05 的显著性检验。其他环境因子的相关系数较小，均未超过 0.05 的显著性检验，说明它们的线性相关程度较弱。

从 S_I 的 3a 移动平均可以看出，从 1999 年到 2006 年呈下降趋势，再到 2009 年呈上升趋势，然后到 2011 年呈下降趋势。由 SST 的 3a 移动平均可得，从 1999 年到 2001 年呈下降趋势，再到 2006 年呈上升趋势，然后到 2010 年呈下降趋势，最后到 2011 年呈上升趋势。此外，SSH 与 SST 的 3a 移动平均基本上呈相反的变化趋势。从 SSS 的 3a 移动平均可以看出，从 1999 年到 2003 年呈上升趋势，之后呈下降趋势。V_c 与 SSH 的 3a 移动平均呈相同的变化趋势，仅在 SSH 的 2010 年变动提前到 2008 年。CHLOR 的 3a 移动平均从 1999 年到 2004 年呈下降趋势，再到 2007 年呈上升趋势，然后到 2009 年呈下降趋势，最后到 2011 年呈上升趋势(图 4-4)。

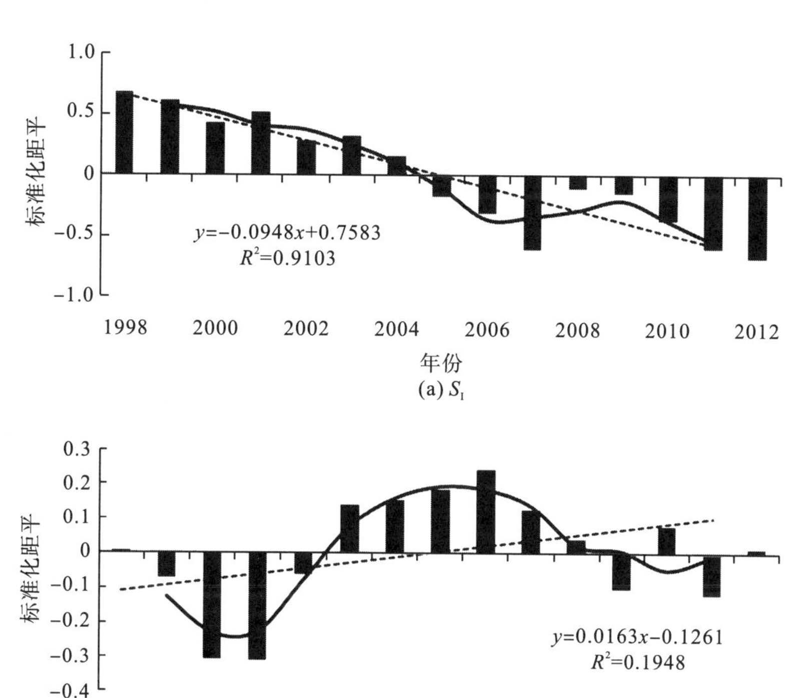

(a) S_I

(b) SST

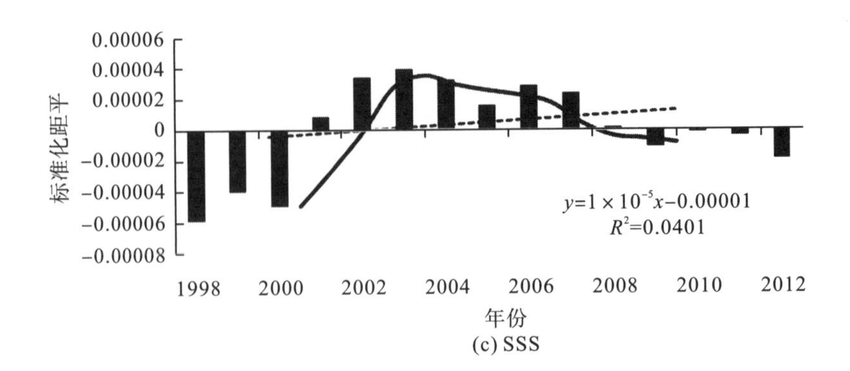

(c) SSS

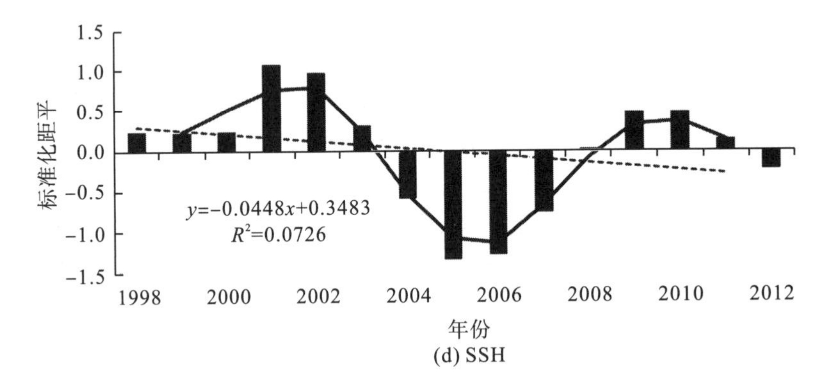

(d) SSH

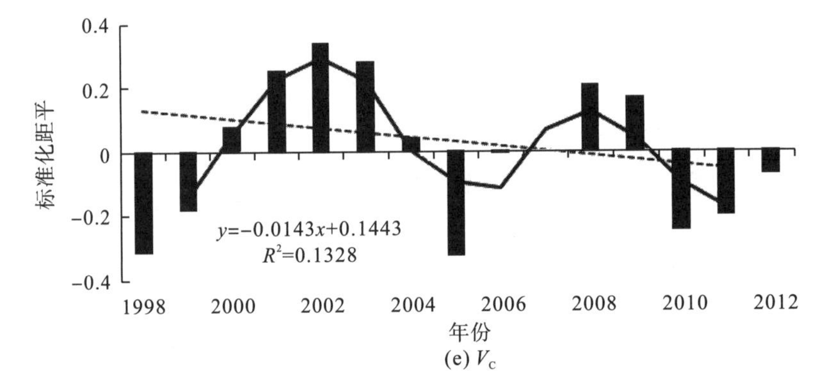

(e) V_c

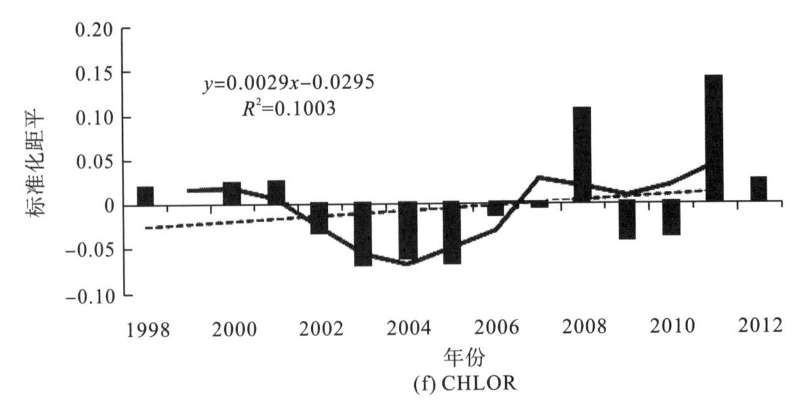

(f) CHLOR

图 4-4 环境因子标准化距平

实线为 3a 移动平均，虚线为线性趋势

从它们的线性趋势来看，S_I、SSH 和 V_c 有下降趋势，而 SST、SSS 和 CHLOR 有上升趋势。计算得到它们的变化趋势率分别为−0.948/(10a)、−0.448/(10a)、−0.143/(10a)、0.163/(10a)、10^{-4}/(10a)、0.029/(10a)，以及变化趋势系数分别为 0.9103、0.0726、0.1328、0.1948、0.0401、0.1003，其中海冰面积变化趋势系数超过了 0.01 的显著性检验，说明海冰面积下降趋势明显(图 4-4)。

4.2.2　年代际变化分析

利用 Mann-Kendall 算法检验 S_I、SST、SSS、SSH、V_c 以及 CHLOR 的突变。由图 4-5 可以明确各环境因子的突变现象分别为：SST 在 2002 年和 2008 年前后，SSS 在 2000 年和 2010 年前后，SSH 在 2000 年前后，V_c 在 2000 年、2003 年、2007 年和 2009 年前后。综合可知各环境因子突变现象集中在 2000～2003 年和 2007～2010 年。从图 4-4 中各环境因子的 9a 移动平均曲线也可以发现这两个时间段存在大幅度的增减趋势。

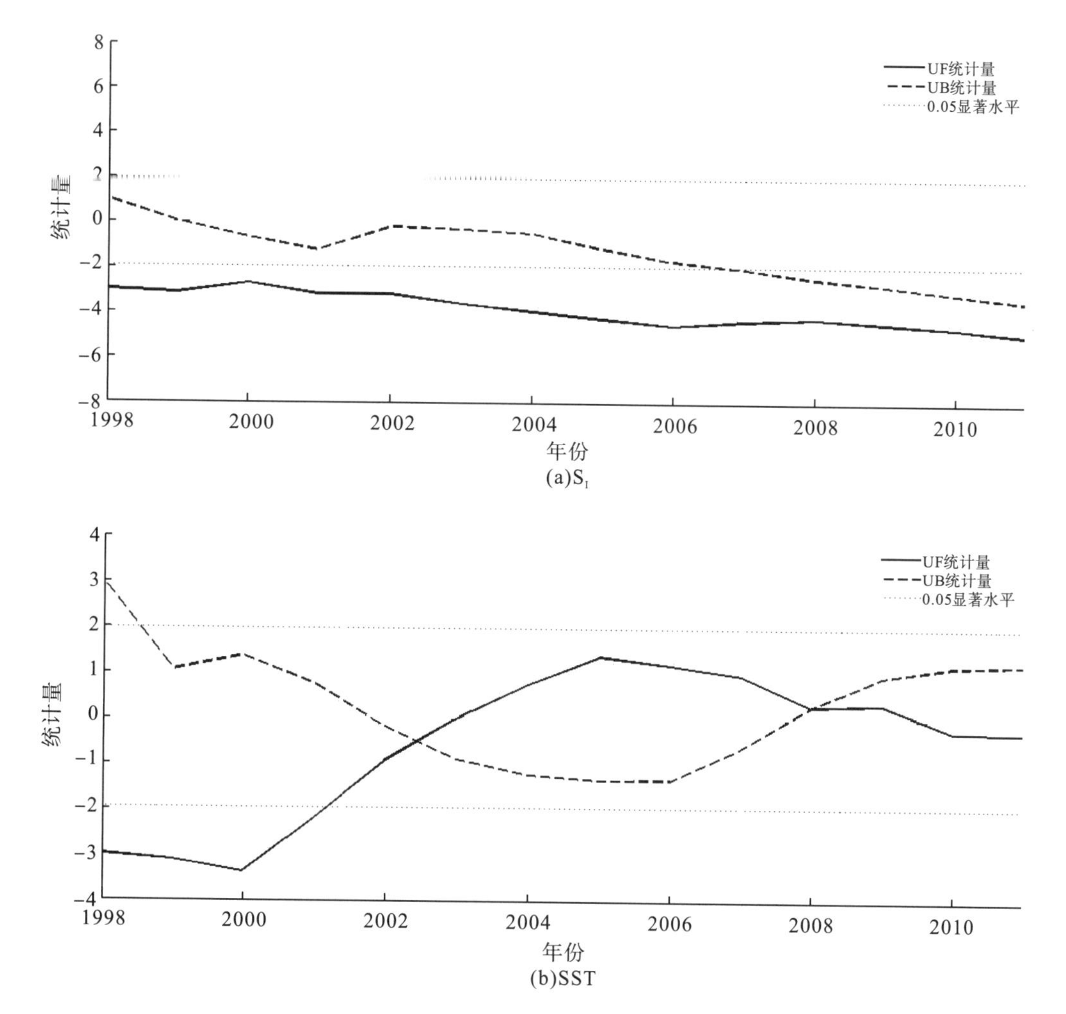

(a)S_I

(b)SST

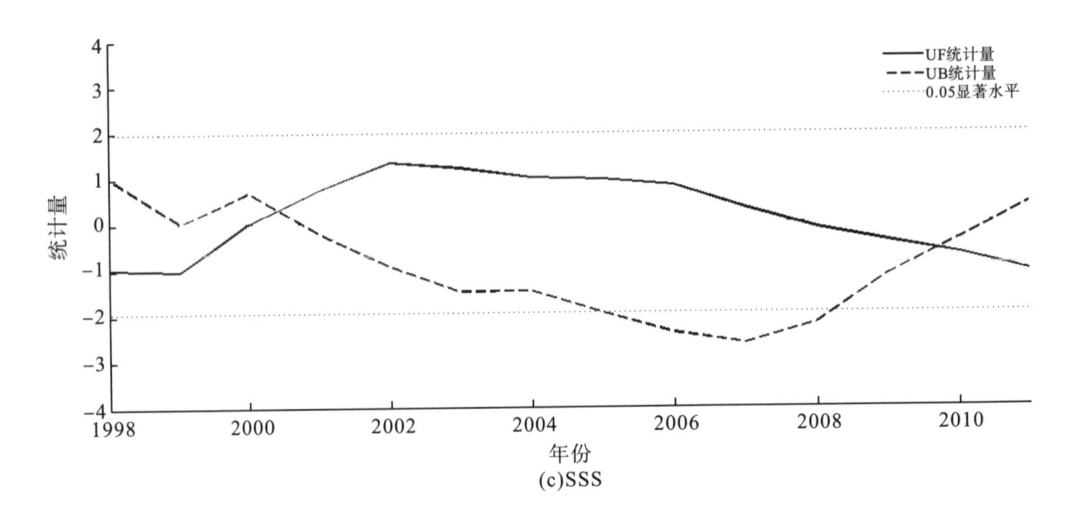

(c)SSS

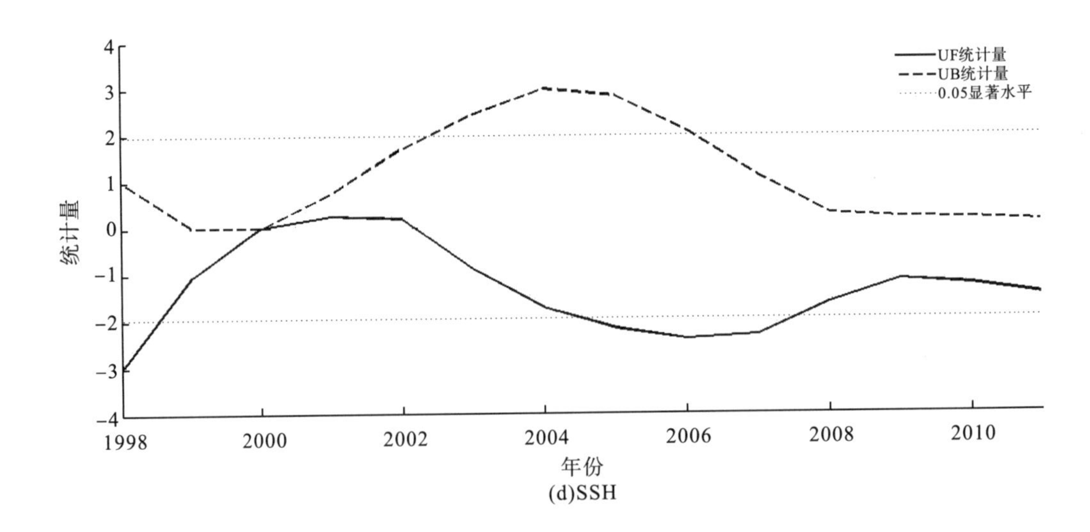

(d)SSH

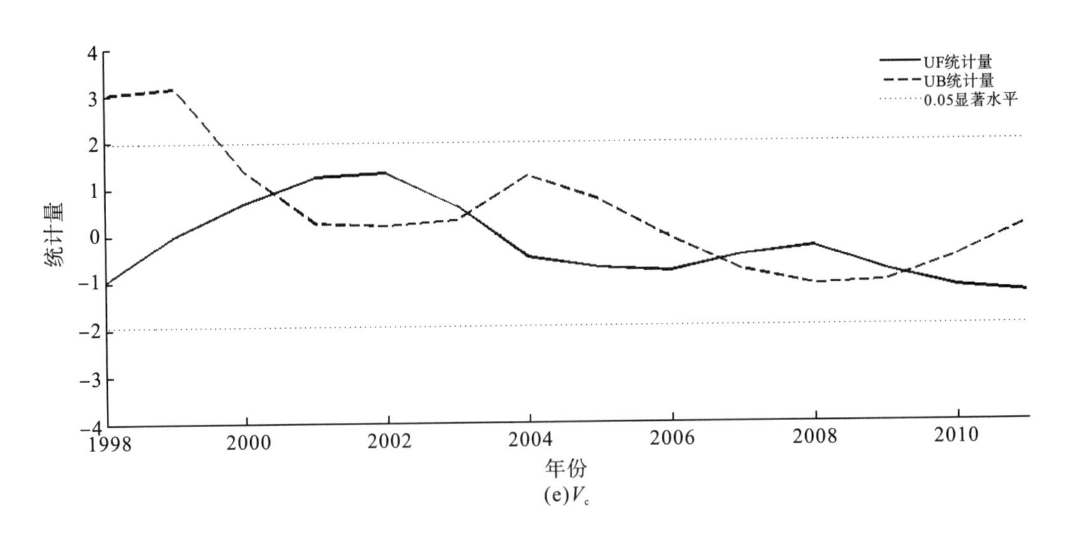

(e)V_c

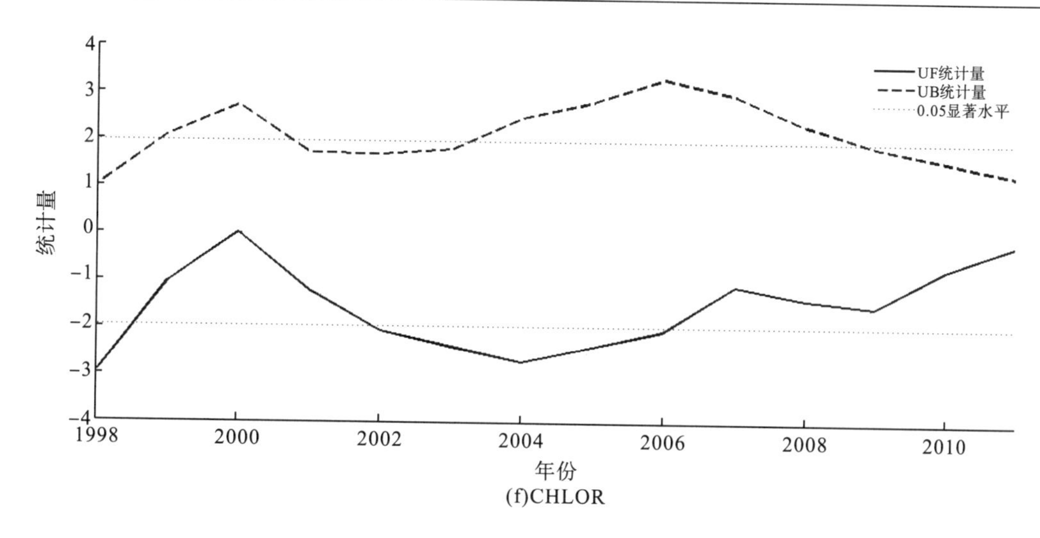

(f)CHLOR

图4-5　S_I、SST、SSS、SSH、V_c以及CHLOR的Mann-Kendall统计量曲线

第5章　东北大西洋渔业资源状况及其与气候和海洋环境变化的关系

5.1　东北大西洋渔获组成分析

5.1.1　渔获物产量变化情况

自1950年以来，东北大西洋总渔获量如图5-1所示。东北大西洋总渔获量从1950年的约5.3×10^6t，稳步增长至1976年的约1.3×10^7t，为历史最高值；之后稳步下降，仅在1990～1997年有所回增，最终在2012年达到最低值约8.0×10^6t。其中，海洋鱼类占渔获物的主要成分，其次是海洋植物，而海洋洄游鱼类占比最低。海洋鱼类的增长趋势

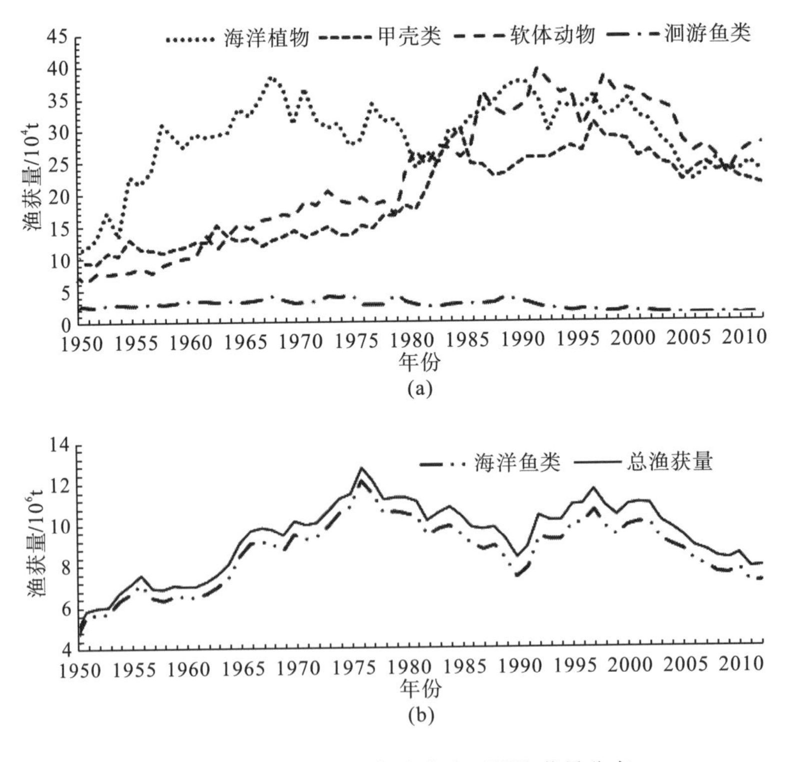

图5-1　1950～2012年东北大西洋渔获量分布

与总渔获物的增长趋势相似，在 1976 年达到最高值 1.25×10^7t；海洋植物从 1950 年约 1.10×10^5t 稳步增长至 1968 年约 3.84×10^5t，而后出现小幅度下降；甲壳类和软体动物均在 1950～1998 年稳步增长，之后出现小幅度的下降，软体动物在 1992 年达到最高值，约 3.93×10^5t；而甲壳类则在 1997 年达到最高值 3.10×10^5t；洄游鱼类在 1950～1975 年一直处于平稳波动状态，而后出现小幅度下降，在 2010 年达到历史最低，约 0.90×10^4t。

据 FAO 统计(图 5-2)，东北大西洋渔获物主要经济种类有大西洋鲱、大西洋鳕、蓝鳕(*Micromesistius poutassou*)、大西洋鲭、毛鳞鱼(*Mallotus villosus*)和玉筋鱼属(*Ammodytes*)，占总渔获量的 69%。在 1950～1965 年，大西洋鲱与毛鳞鱼的渔获量均先平稳波动，而后陡增，而 1965 年之后变化趋势相反，大西洋鲱骤降，并在 1979 年降至最低值，约为 6.35×10^5t，之后逐渐回升，而毛鳞鱼 1965 年之后陡增，并在 1977 年到达最高值，约为 3.77×10^6t，随后震荡下降；大西洋鳕渔获量在 1969 年到达最高值，约为 2.15×10^6t，此后呈线性下降，2008 年达最低值，约为 7.09×10^5t；大西洋鲭在 1967 年增至最高值，约 9.82×10^5t，之后平稳波动；蓝鳕在 1975 年之前平稳波动，之后大幅上涨，在 2004 年达到最高值 2.42×10^6t，而后大幅下降，在 2011 年降至最低，回归 1975 年之前渔获状态。玉筋鱼属渔获量自 1950 年一直增长，在 1997 年达到最大值 1.24×10^6t，而后一路下降，在 2012 年降至 1.07×10^5t。其中大西洋鳕、毛鳞鱼和大西洋鲭自 1964 年之后都有突然增长的趋势。

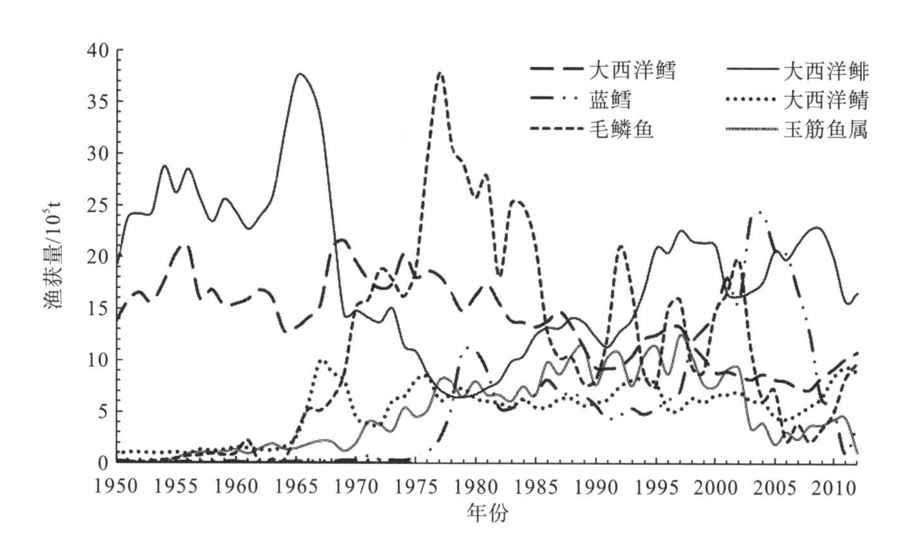

图 5-2　1950～2012 年东北大西洋主要经济种类渔获量情况

据 FAO 统计，中上层渔获量在 1977 年达到历史最高值 5.40×10^6t。总体上，中上层和底层渔获量在 1970 年之前呈增长趋势(图 5-3)。

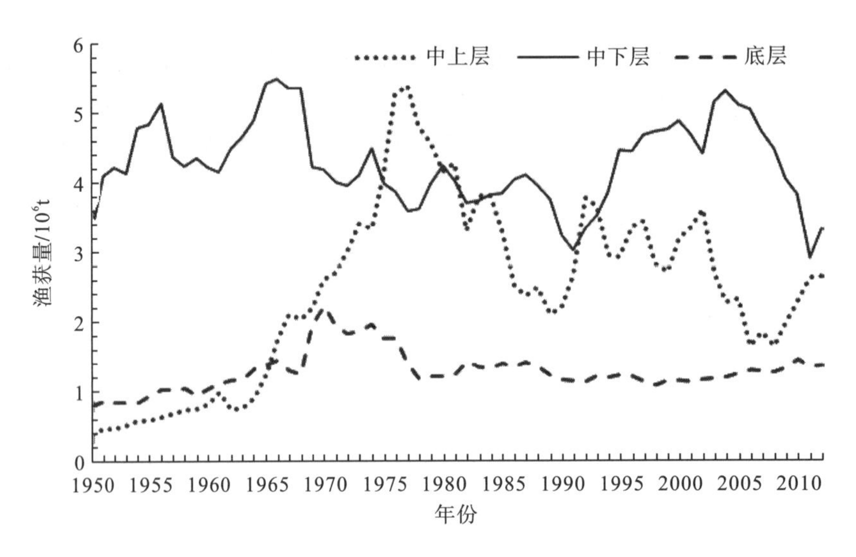

图 5-3 1995～2012 年东北大西洋各水层渔获量变化情况

5.1.2 渔获量与平均营养级变化趋势

东北大西洋渔获量从 1950 年的约 5.3×10^6t 明显增加至 1976 年的约 1.3×10^7t，之后持续显著下降到 2012 年约为 8.0×10^6t（rs=0.440；$P<0.01$）。平均营养级（mTL）1950～1992 年显著减少，1992～2006 年呈增长趋势，而 2006 年之后又呈下降趋势，每年下降约 0.02（rs=−0.614；$P<0.01$）[图 5-4（a）]。通过渔获量和 mTL 相关图可以看出，渔获量和 mTL 的曲线变化趋势正好相反，1964 年之前的渔获量均小于之后年份，但是 mTL 却大多高于后面的年份，分为两个水平[图 5-4（b）]。TrC2 和 TrC3 的渔获比例明显大于 TrC1，且呈现震荡稳定变化、微微下降趋势，而 TrC1 渔获比例则逐年递增（图 5-5）。

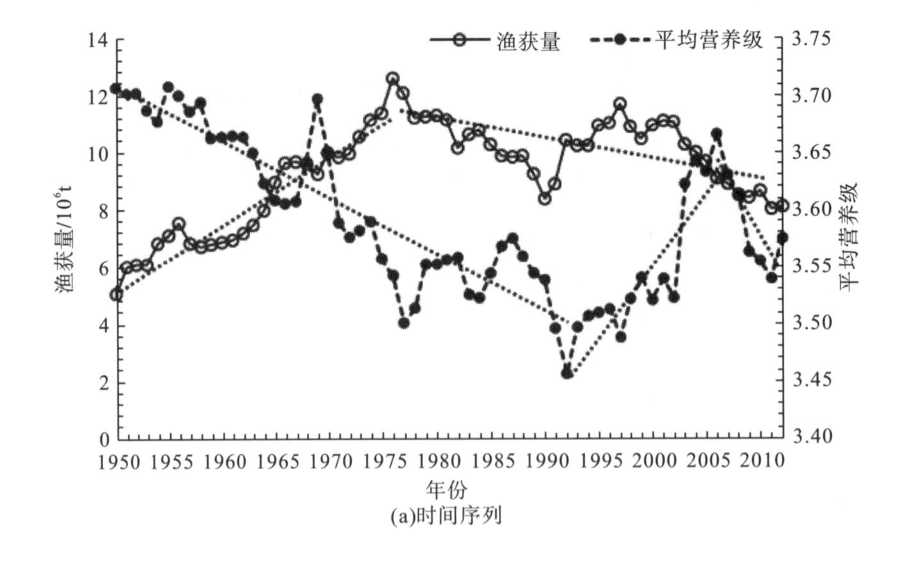

(a)时间序列

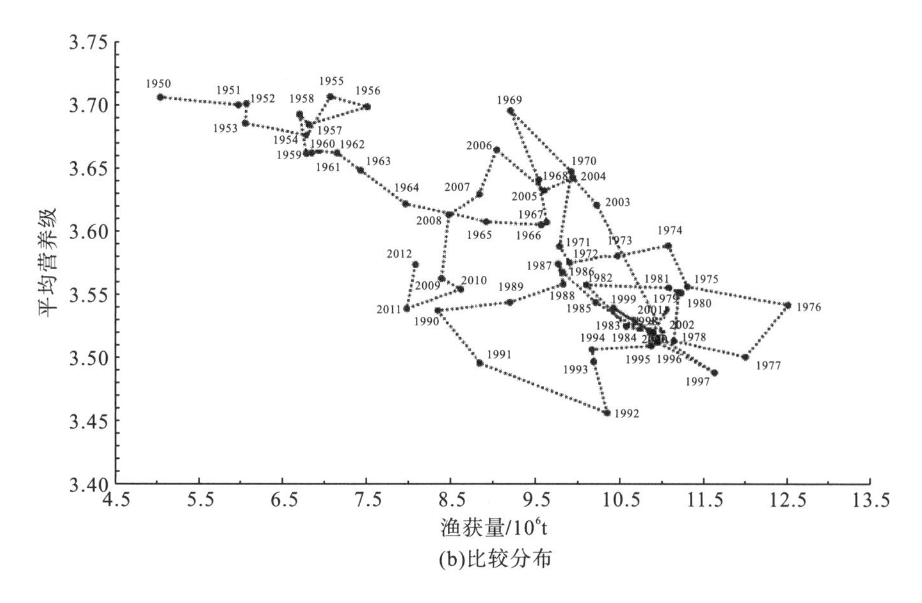

(b)比较分布

图 5-4　1950～2012 年东北大西洋渔获量与渔获物平均营养级关系图

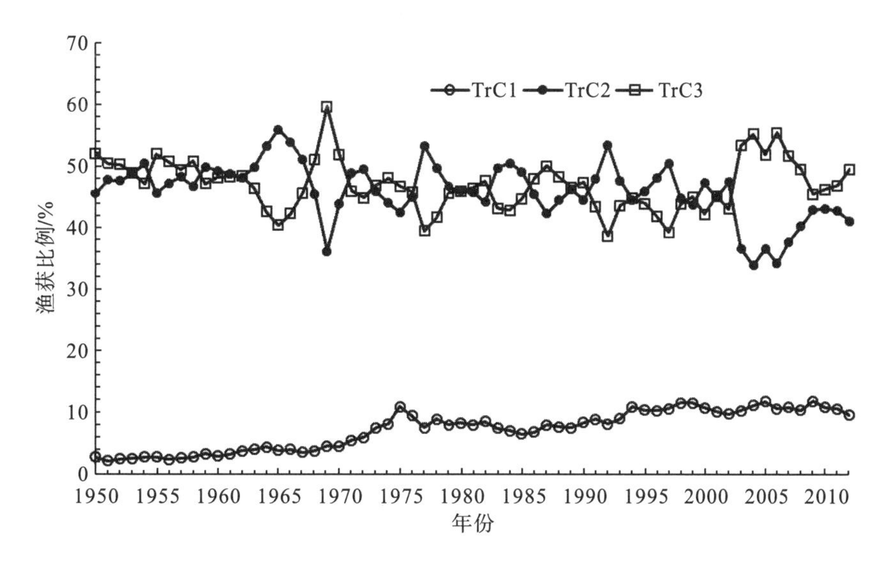

图 5-5　1950～2012 年东北大西洋各营养级类别的渔获量变化情况

5.1.3　渔业平衡指数变动情况

1950～2012 年渔业平衡指数(FIBI)波动性较大，从 1950 年的 0 逐步增加到 1969 年的 0.25，也是历史最高值，随后开始逐步下降，直至 1991 年，然后继续增长至 2004 年，而后下降至 2011 年，取得最低值 0.03(图 5-6)。

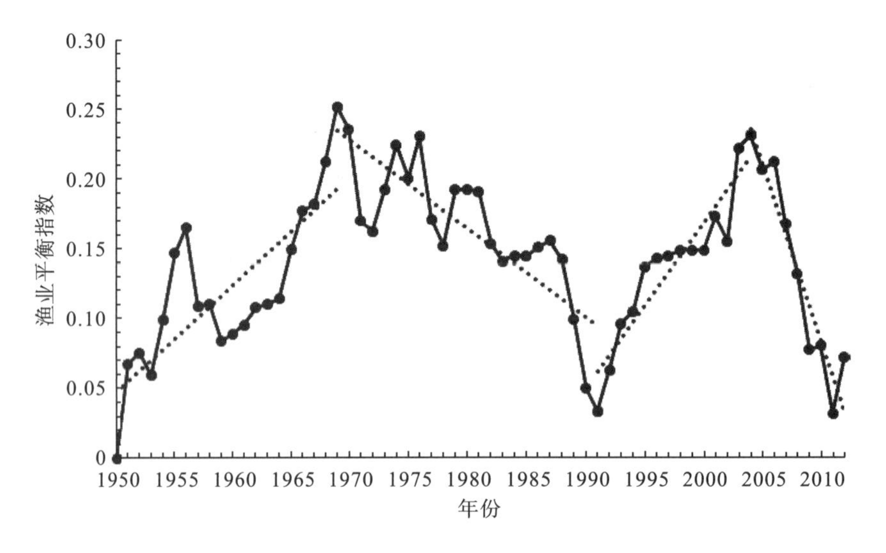

图 5-6 1950～2012 年东北大西洋渔业平衡指数(FIBI)

5.1.4 渔获量与初级生产力需求变化趋势

由图 5-7 可知，东北大西洋初级生产力需求(PPR)变化趋势与渔获量相似，1950 年到 1956 年呈上升趋势，再到 1959 年突然下降，然后到 1969 年陡增，再到 1991 年逐步下降，之后到 2004 年呈上升趋势，最后到 2012 年骤减。东北大西洋渔获量与 PPR 呈正相关关系(相关系数为 0.626)，超过 0.01 的显著性检验(图 5-7)。

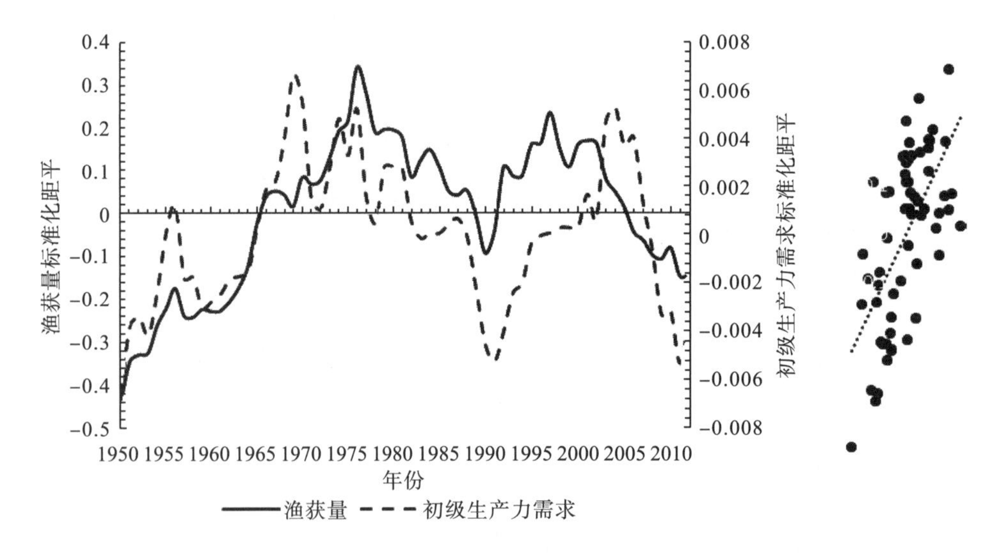

图 5-7 1950～2012 年东北大西洋渔获量与初级生产力需求标准化距平关系图

5.1.5 渔获组成变化情况

在聚类分析中，东北大西洋渔获组成的主要时间段展示着高度相似水平(90%)，同时非度量多维尺度分析也显示一个低系数(0.02)，这说明上述生产统计数据是可信的。两种统计方法都展示了同样的联系结构图，证实了时间段的正确性，在 1950～2012 年有一个清晰的时间趋势(图 5-8)。

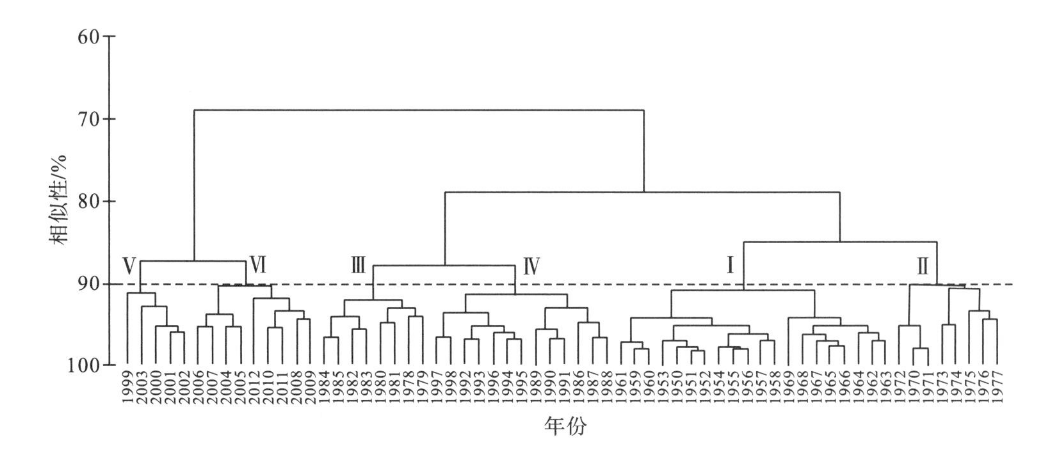

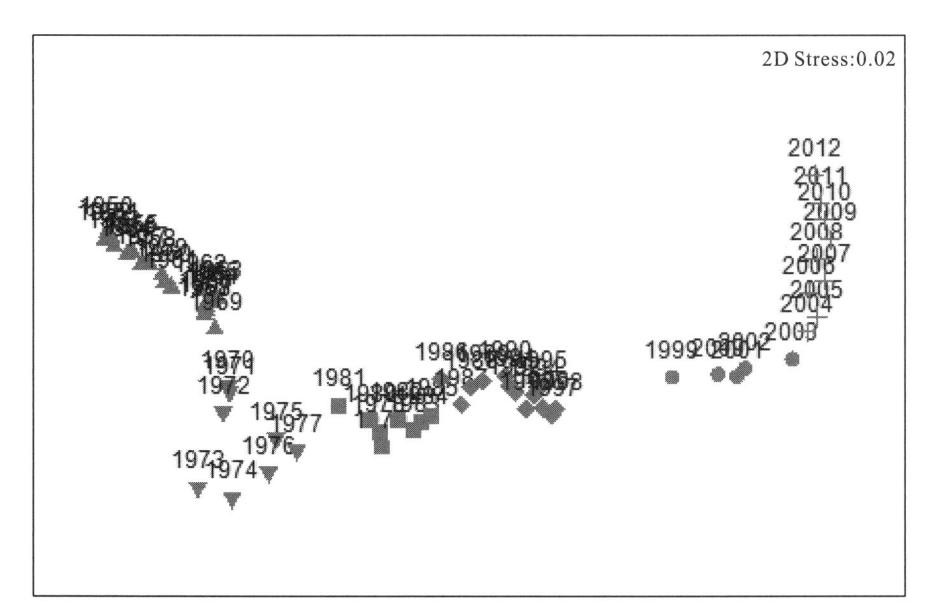

图 5-8　聚类分析树图和非度量多维尺度分析标序

对于大部分时间段，渔获组成是显著不同的(P<0.01)，尽管 1970～1977 年与 1978～1985 年时间段是相同的，但是 R 统计量(R=0.934，表 5-1)表明它们的渔获组成显著不同。分析显示，各时间段具有较高的相似性，相似性为 82.77%～88.84%。具有几个共同特征的物种有大西洋鲱、大西洋鳕、黑线鳕、毛鳞鱼等。

表 5-1 物种渔获组成在各时间段两两比较的统计量和显著水平

时间段	统计量 R	显著水平 P
1950～1969 VS.1970～1977	0.915	0.001
1950～1969 VS.1978～1985	1	0.001
1950～1969 VS.1986～1998	1	0.001
1950～1969 VS.1999～2003	1	0.001
1950～1969 VS.2004～2012	1	0.001
1970～1977 VS.1978～1985	0.934	0.002
1970～1977 VS.1986～1998	1	0.001
1970～1977 VS.1999～2003	1	0.003
1970～1977 VS.2004～2012	1	0.001
1978～1985 VS.1986～1998	0.840	0.001
1978～1985 VS.1999～2003	1	0.001
1978～1985 VS.2004～2012	1	0.001
1986～1998 VS.1999～2003	0.996	0.001
1986～1998 VS.2004～2012	1	0.001
1999～2003 VS.2004～2012	0.796	0.001

时间段Ⅰ为 1950～1969 年，渔获组成具有 83.73%的平均相似性，mTL 为 3.67。其中平均渔获量较大的物种分别是大西洋鲱、大西洋鳕、黑线鳕、绿青鳕和大西洋鲭(表 5-2)，这个时间段相似性百分比分析渔获量比例显著的鱼种主要是欧洲无须鳕、欧洲鳀和大西洋鲱[图 5-9(a)]。暖水性浮游动物食性占 22.4%、洄游鱼类占 21.5%、冷水性游泳生物食性占 19.4%、温水性浮游动物食性占 17.3%(图 5-10)。

时间段Ⅱ为 1970～1977 年，渔获组成具有 84.37%的平均相似性，mTL 为 3.57。其中平均渔获量较大的物种分别是大西洋鳕、毛鳞鱼、大西洋鲱、绿青鳕和大西洋鲭(表 5-2)，这个时间段相似性百分比分析渔获量比例显著的鱼种主要是北鳕、挪威长臀鳕、竹荚鱼属和牙鳕[图 5-9(b)]。冷水性浮游动物食性占 26.6%，洄游鱼类占 23.9%，冷水性游泳生物食性占 23.3%(图 5-10)。

时间段Ⅲ为 1978～1985 年，渔获组成具有 88.84%的平均相似性，mTL 为 3.54。其中平均渔获量较大的物种分别是毛鳞鱼、大西洋鳕、大西洋鲱、玉筋鱼属和蓝鳕(表 5-2)，这个时间段相似性百分比分析渔获量比例显著的鱼种主要是毛鳞鱼、挪威长臀鳕和魣鳕[图 5-9(c)]。冷水性浮游动物食性占 31.7%，浮游植物食性占 21.3%，洄游鱼类占 20.1%，暖水性浮泳动物食性占 18.9%(图 5-10)。

时间段Ⅳ为 1986～1998 年，渔获组成具有 86.22%的平均相似性，mTL 为 3.52。

其中平均渔获量较大的物种分别是大西洋鲱、大西洋鳕、毛鳞鱼、玉筋鱼属和大西洋鲭(表 5-2)，这个时间段相似性百分比分析渔获量比例显著的鱼种主要是欧洲鸟尾蛤、竹荚鱼和玉筋鱼属[图 5-9(d)]。暖水性游泳生物食性占 27.5%，软体动物占 22.9%，温水性底栖生物食性占 22.5%，甲壳类占 21%(图 5-10)。

时间段Ⅴ为 1999～2003 年，渔获组成具有 88.18%的平均相似性，mTL 为 3.55。其中平均渔获量较大的物种分别是大西洋鲱、蓝鳕、毛鳞鱼、大西洋鳕和玉筋鱼属(表 5-2)，这个时间段相似性百分比分析渔获量比例显著的鱼种主要是尖吻平鲉、金平鲉和蓝鳕[图 5-9(e)]。冷水性底栖生物食性占 23.7%，温水性游泳生物食性占 23.6%，软体类占 23.5%，浮游植物食性占 22.9%(图 5-10)。

时间段Ⅵ为 2004～2012 年，渔获组成具有 82.77%的平均相似性，mTL 为 3.6。其中平均渔获量较大的物种分别是大西洋鲱、蓝鳕、大西洋鳕、大西洋鲭和黍鲱(表 5-2)，这个时间段相似性百分比分析渔获量比例显著的鱼种主要是尖吻平鲉、金平鲉和欧洲大扇贝[图 5-9(f)]。暖水性底栖生物食性占 31.1%，浮游植物食性占 30.8%，温水性游泳生物食性占 19%，甲壳类占 18.7%(图 5-10)。

表 5-2 各时间段物种的平均渔获量

1950～1969 年		1970～1977 年	
种类	平均渔获量/t	种类	平均渔获量/t
大西洋鲱	2608205	毛鳞鱼	2123357
大西洋鳕	1642930	大西洋鳕	1826400
黑线鳕	376275	大西洋鲱	1188218
绿青鳕	266255	绿青鳕	639865.8
大西洋鲭	257450	大西洋鲭	579965.4
沙丁鱼	200975	黍鲱	564493.4
平鲉属	197275	挪威长臀鳕	556676.5
毛鳞鱼	178905	黑线鳕	545443.4
牙鳕	154905	玉筋鱼属	444489.4
鲽鱼	134040	平鲉属	238949.1
欧洲无须鳕	123435	牙鳕	214545
黍鲱	108862	竹荚鱼	189794.6
玉筋鱼属	98580	鲽鱼	179128
欧洲鳀	72490	沙丁鱼	160459
竹荚鱼	54780	北鳕	130961
褐虾	51980	竹荚鱼属*	94886.75
竹荚鱼属*	51685	欧洲无须鳕	93126.63

续表

1978～1985 年		1986～1998 年	
种类	平均渔获量/t	种类	平均渔获量/t
毛鳞鱼	2526872	大西洋鲱	1583206
大西洋鳕	1507444	毛鳞鱼	1196173
大西洋鲱	837067.4	大西洋鳕	1178545
蓝鳕	742675.9	玉筋鱼属	992631.4
玉筋鱼属	688867.5	大西洋鲭	637220.3
大西洋鲭	608864.9	蓝鳕	635793.5
挪威长臀鳕	463015.1	黍鲱	392669.2
黍鲱	449593.3	竹荚鱼	379049.8
绿青鳕	429621.3	绿青鳕	363452.7
黑线鳕	307603.1	挪威长臀鳕	299552.1
平鲉属	264365.6	黑线鳕	276280.9
沙丁鱼	210606.9	平鲉属	223847.7
牙鳕	181190.3	沙丁鱼	172296.2
鲽鱼	158409.6	鲽鱼	160996.9
竹荚鱼	124295.5	北方长额虾	127065.4
北方长额虾	101480.8	紫壳菜蛤	117048.9
紫壳菜蛤	78065	牙鳕	90740.92
		欧洲鸟尾蛤	75628.31
		鲟鳕	54295.92
		挪威海螯虾	52208.77

1999～2003 年		2004～2012 年	
种类	平均渔获量/t	种类	平均渔获量/t
大西洋鲱	1830919	大西洋鲱	1959580
蓝鳕	1693644	蓝鳕	1234713
毛鳞鱼	1414592	大西洋鳕	857438.3
大西洋鳕	888620.4	大西洋鲭	638227.4
玉筋鱼属	733407	黍鲱	540708.3
大西洋鲭	637030	毛鳞鱼	528475.3
黍鲱	592825.8	绿青鳕	403809.8
绿青鳕	340423	黑线鳕	336975.9
黑线鳕	229260.4	玉筋鱼属	312206.3

续表

1999～2003 年		2004～2012 年	
种类	平均渔获量/t	种类	平均渔获量/t
竹荚鱼	234609.4	竹荚鱼	199732.2
沙丁鱼	139554.8	沙丁鱼	131046.7
紫壳菜蛤	123470.6	鲽鱼	85031.89
北方长额虾	112406.6	紫壳菜蛤	63860.44
挪威长臀鳕	110801.4	挪威海螯虾	61099.44
鲽鱼	105959.4	尖吻平鲉	58978
平鲉属	79832.8	欧洲大扇贝	56126.89
尖吻平鲉	77223.2	北方长额虾	53876.44
金平鲉	59400.2	金平鲉	52257.89
挪威海螯虾	53716	欧洲无须鳕	51860.56
牙鳕	49428.6	普通黄道蟹	45703.11
格陵兰大比目鱼	45862.4	格陵兰大比目鱼	44579
鲟鳕	43314	褐虾	40707.78
普通黄道蟹	43260.2	鲟鳕	38143.67
		牙鳕	33116.56

*：竹荚鱼属渔获量为该属除去竹荚鱼的其他种类的渔获量。

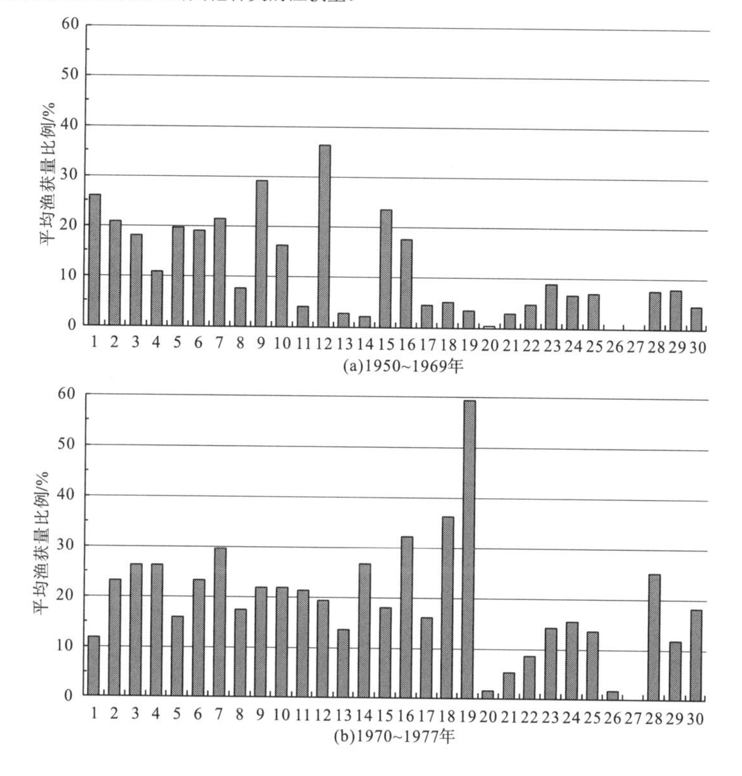

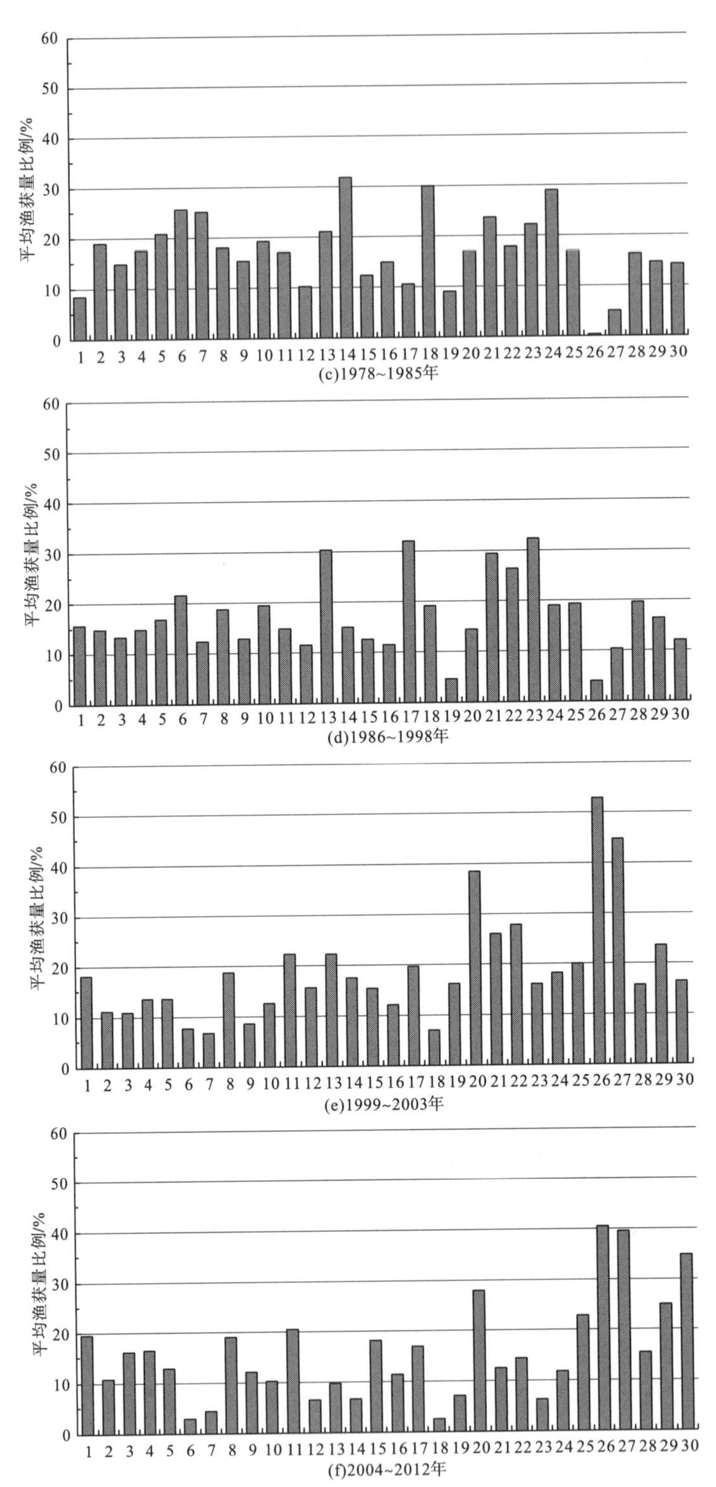

1.大西洋鲱；2.大西洋鳕；3.黑线鳕；4.绿青鳕 5.沙丁鱼；6.平鲉属；7.牙鳕；8.鲭鱼；9.欧洲无须鳕；10.鲽鱼；11.黍鲱；12.欧洲鳀；13.玉筋鱼属；14.毛鳞鱼；15.褐虾；16.竹荚鱼属；17.竹荚鱼；18.挪威长臀鳕；19.北鳕；20.蓝鳕；21.北方长额虾；22.紫壳菜蛤；23.欧洲鸟尾蛤；24.鲟鳕；25.挪威海螯虾；26.尖吻平鲉；27.金平鲉；28.格陵兰大比目鱼；29.普通黄道蟹；30.欧洲大扇贝

图 5-9 相似性百分比分析判别物种的平均渔获量比例变化图

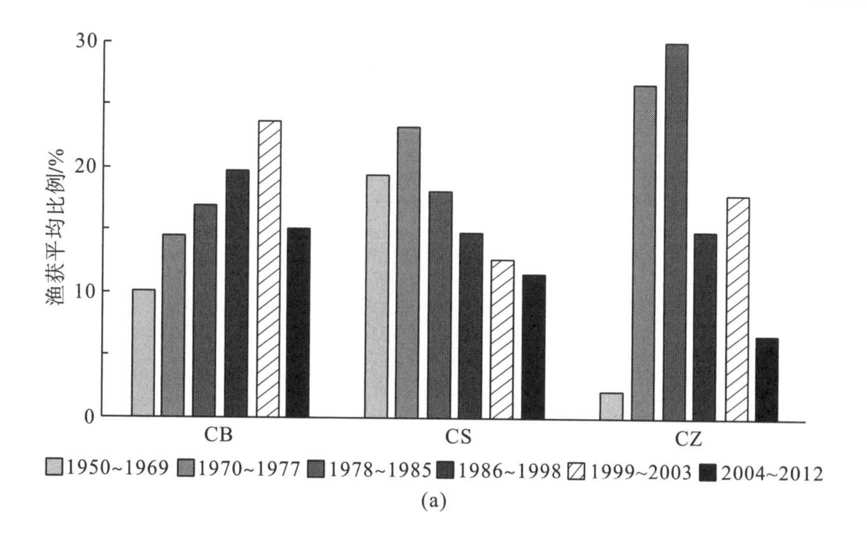
渔获平均比例/%
30
20
10
0
CB
CS
CZ
1950~1969
1970~1977
1978~1985
1986~1998
1999~2003
2004~2012
(a)

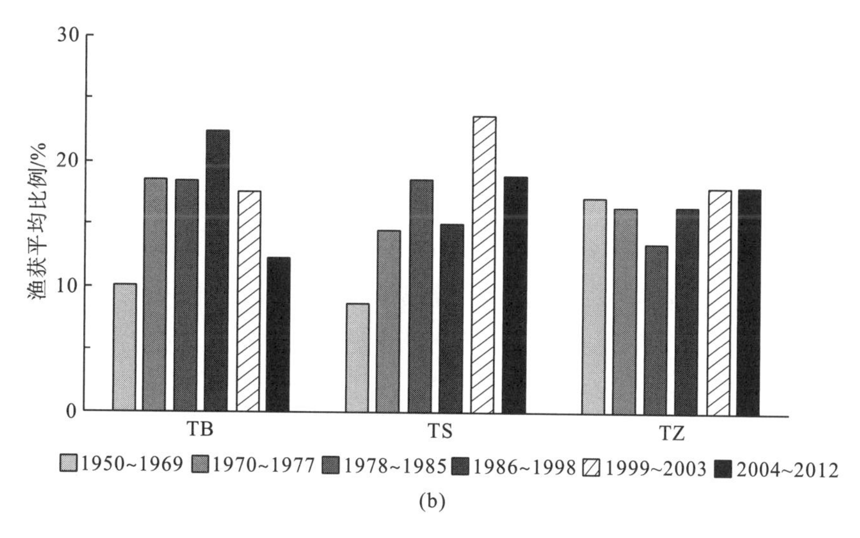
渔获平均比例/%
30
20
10
0
TB
TS
TZ
1950~1969
1970~1977
1978~1985
1986~1998
1999~2003
2004~2012
(b)

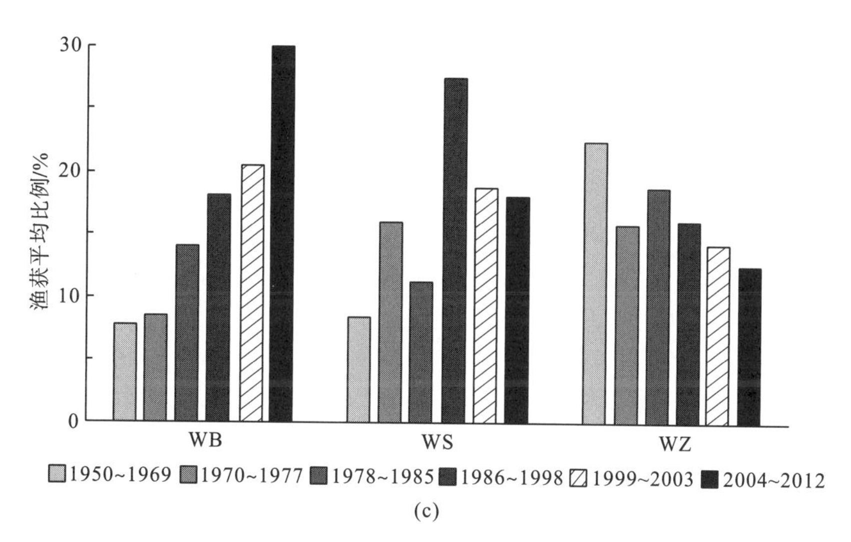
渔获平均比例/%
30
20
10
0
WB
WS
WZ
1950~1969
1970~1977
1978~1985
1986~1998
1999~2003
2004~2012
(c)

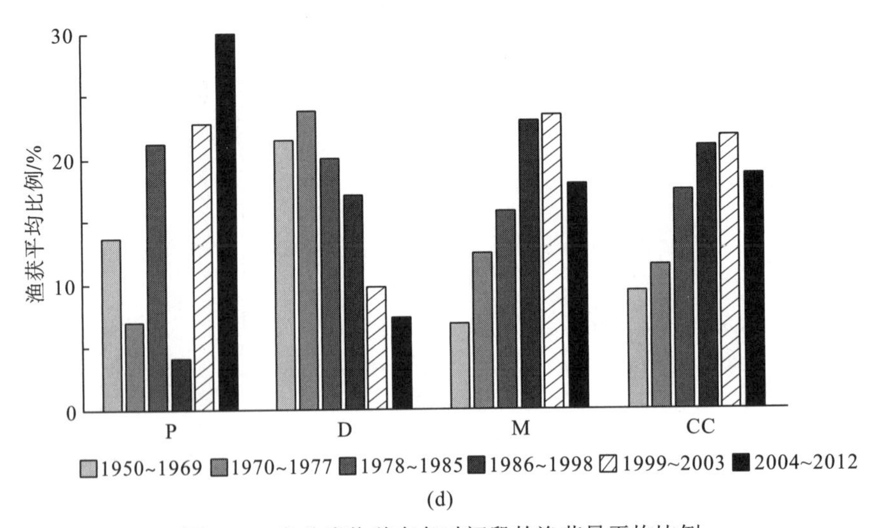

图 5-10 各分类物种在各时间段的渔获量平均比例

注：W 为暖水性；T 为温水性；C 为冷水性；P 为浮游植物食性；Z 为浮游动物食性；B 为底栖生物食性；S 为游泳生物食性；D 为洄游鱼类；M 为软体动物；CC 为甲壳类；TZ 即为温水性浮游动物食性，其余类推。

5.1.6 渔获物变化原因分析

1.渔获量变化

根据 FAO 统计，伴随着捕捞机械化的迅速扩大，20 世纪 50～60 年代东北大西洋渔业高速发展，20 世纪 70 年代中期达到顶峰。1976 年之后渔获量开始下降，主要原因可能是冰岛等国家陆续开始实施个人可转让配额制度，以及欧盟要求 1997～2002 年把渔船的数量削减 40%。其中冰岛 1997 年的渔船数量比 1991 年下降了 25%(郭文路和黄硕琳，2002)，挪威自 2001 年起，渔船数量和发动机功率均不断下降(图 5-11)。由此可见，渔业管理对渔获量有显著作用。

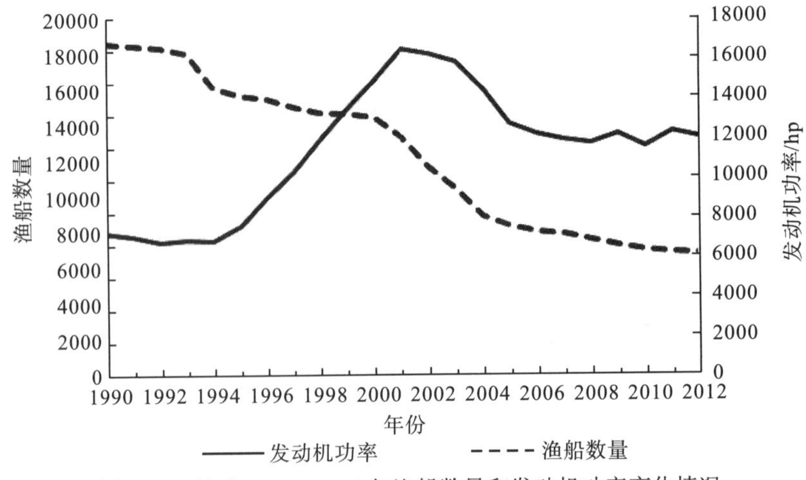

图 5-11 挪威 1990～2012 年渔船数量和发动机功率变化情况

注：1hp=745.7W

海洋环境对渔获量也有很重要的影响，1990 年东北大西洋渔获量降至最低点与当年北极海冰面积降至最低点密切相关(图 5-12)，当年大量低盐度北冰洋海水进入东北大西洋。同理，受海流影响比较大的海洋植物和洄游鱼类产量在 1990 年后下降的主要原因是大量低盐度冷水经过东北大西洋的亚北极环流周围，该环流出现了“大盐度异常”，鱼类资源补充量减少，异常的低温影响了初级生产力(图 5-13)。有研究表明，全球海面温度年代际突变的时间主要在 1954～1958 年、1973～1979 年和 1994～1998 年，且均在东北大西洋出现了升温突变(肖栋和李建平，2007)，而东北大西洋渔获量在 1956 年、1976 年和 1997 年均出现了峰值。

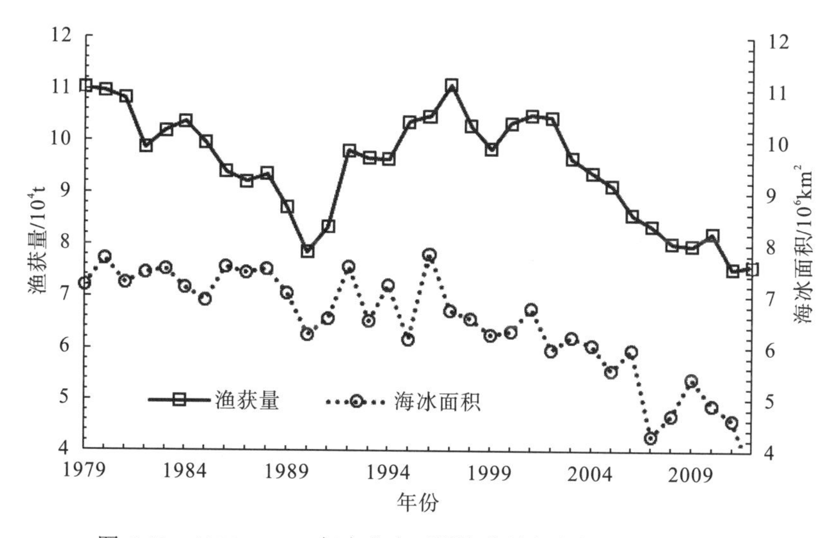

图 5-12　1979～2012 年东北大西洋渔获量与北极海冰面积对比

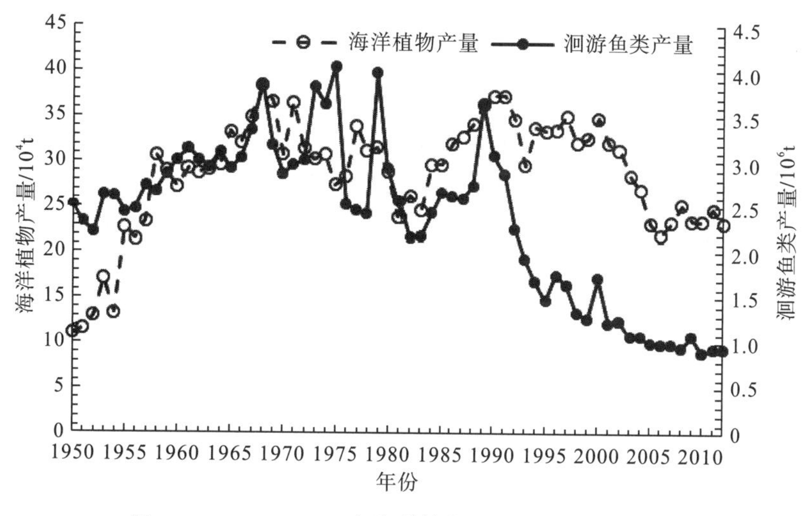

图 5-13　1950～2012 年海洋植物与洄游鱼类产量对比

从东北大西洋主要经济种类的渔获量来看：玉筋鱼渔获量自 20 世纪 70 年代后期上升速度减小，表明该种类的开发已经接近最大可捕捞量的潜力，而在 90 年代后期大幅下降则说明资源已经过度捕捞，甚至崩溃。大西洋鲱渔获量自 20 世纪 50 年代中期衰退，在 1961～1965 年有一个短暂的上升，这可能是环境因素造成的，例如这段时间的强东北大西洋涛动，而之后大幅下降是过高的捕捞压力和环境因素引起的，例如 1967～1968 年挪威春季产卵鲱鱼渔业的崩溃。另外，在 20 世纪 60 年代中后期大西洋鳕、鲭鱼和毛鳞鱼渔获量均出现明显的上升，以及 70 年代中后期毛鳞鱼和蓝鳕渔获量大幅上升，可能是因为东北大西洋升温。此外，随着鳕鱼类和鲱鱼类渔获量减少，甲壳类、软体动物和毛鳞鱼等渔获量上升，这表明当高价值种类资源出现衰退时，捕捞目标从高价值种类向低价值种类转移(Caddy and Garibaldi，2000)。

2.mTL 变化

研究表明，东北大西洋平均营养级在 1950～1996 年的下降速度远高于全球海域平均营养级下降速度(Pauly et al.，1998)。1950～1976 年，东北大西洋渔获量持续上升，而平均营养级则持续下降，这说明总渔获量的增长掩饰了这期间构成总渔获量份额的诸如大西洋鳕、黑线鳕和鲱鱼等高营养级鱼种资源的衰退，同时也说明许多低营养级鱼种(诸如玉筋鱼和小鳍鳕)资源得到开发，渔获量不断增加，TrC1 渔获比例增加也正说明了这一点。1968 年平均营养级上升说明大西洋鳕和鲭鱼等高营养级鱼种渔获量出现回暖，造成这种现象的原因很可能是海洋环境发生了变化。而后渔获量和平均营养级都下降，说明高营养级的鱼种资源没有恢复，新开发的低营养级鱼种也处于过度捕捞的状态。1992 年后，渔获量衰减和平均营养级不断上升是高营养级鱼种资源恢复或环境因素改变所致，而 2003～2007 年平均营养级陡增主要是高营养级的蓝鳕高产的结果。

3.FIBI

研究发现，当营养级的下降被产量增加而抵消时，FIBI 保持不变；当渔区扩张或产量增加的速度比营养级下降的速度大时，FIBI 升高；当产量的增加不足以弥补营养级的降低时，FIBI 下降(Bhathal and Pauly，2008)。分析认为，1969～1976 年 FIBI 随着捕捞产量的增加而降低，这表明捕捞产量的增加不足以弥补平均营养级的降低，海洋生态系统的平衡遭到破坏。1991～1997 年 FIBI 上升较快，同时捕捞产量和平均营养级均出现上升，这可能是因为捕捞技术的进步导致新渔场和高级营养级鱼种被开发。捕捞是引起鱼类死亡的主要原因，此外气候变化是引起鱼类种类分布和地区多样性变化的重要原因，相比而言，高纬度地区的渔业生产受全球变暖的影响要比中、低纬度地区大得多(陈宝红等，2009)。

5.2 渔获物与气候变化的关系

5.2.1 渔获物多样性指标与气候变化的关系

选取渔获量(CATCH)、渔获物平均营养级(mTL)、渔业平衡指数(FIBI)以及初级生产力需求(PPR)作为研究的生物多样性指标(Cury et al.，2005)，通过与各气候变化指数分析比较得出，CATCH 与 AMO 指数呈负相关关系(相关系数为−0.529)；mTL 与 AMO 指数呈正相关关系(相关系数为 0.41)，与 NAO 指数和 AO 指数呈负相关关系(相关系数分别为−0.341 和−0.345)，均超过 0.01 的显著性检验；FIBI 与 AMO 指数呈负相关关系(相关系数为−0.25)，达到 0.05 的显著性检验。而其他生物多样性指标和气候变化指数相关系数较低，均未超过 0.05 的显著性检验，表明各数据之间的相关性较弱。

从图 5-14 可得，1950～2012 年东北大西洋渔获物的 CATCH、mTL、FIBI 和 PPR 均在 1958 年、1969 年、1976 年、1992 年、2001 年和 2006 年存在异常，这些年份与图 4-3 各气候指数发生突变的年份前后大体上吻合，说明这些年份的气候变化可能对东北大西洋渔获物的渔获量、平均营养级、营养级平衡指标以及初级生产力需求造成影响。由图 4-1 和图 5-14 可知，当 NAO 指数在 1972 年达到高峰值时，CATCH 在 1976 年达到高峰值，图 5-15 也表示 CATCH 相对于 NAO 指数滞后 5～7 年。

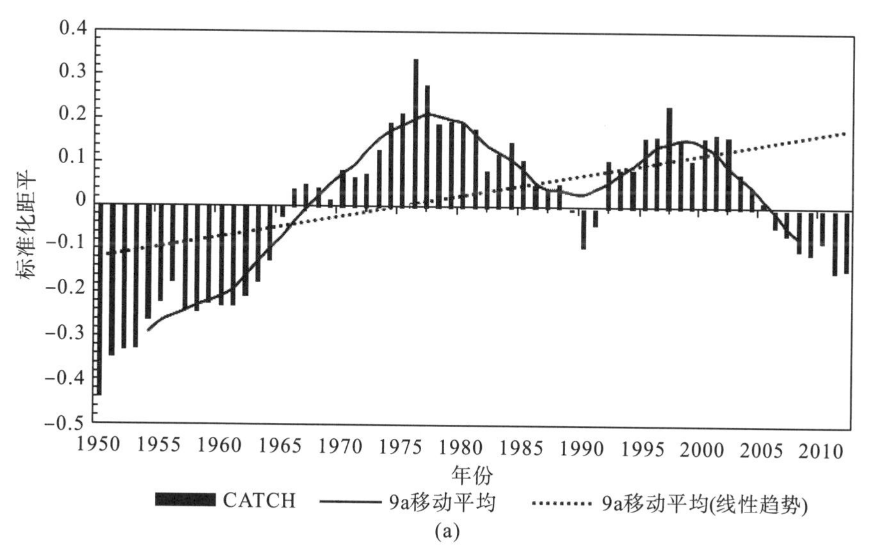

(a)

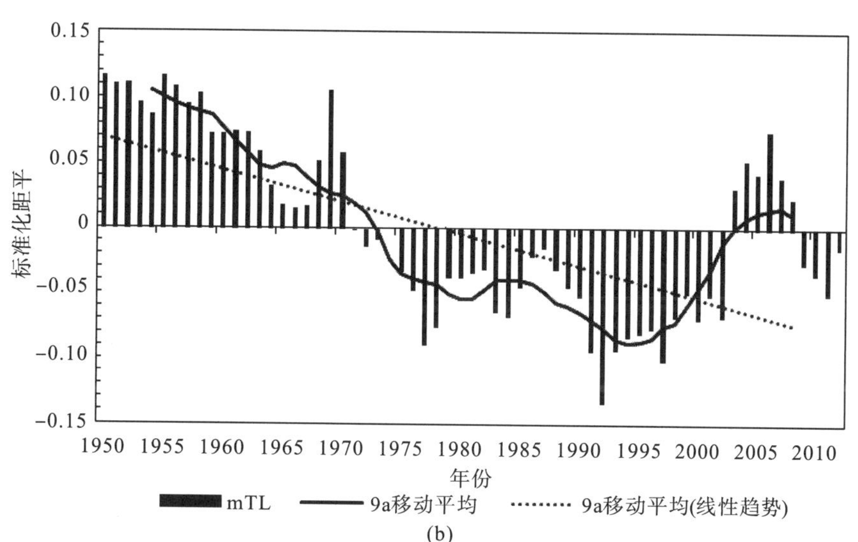

(b)

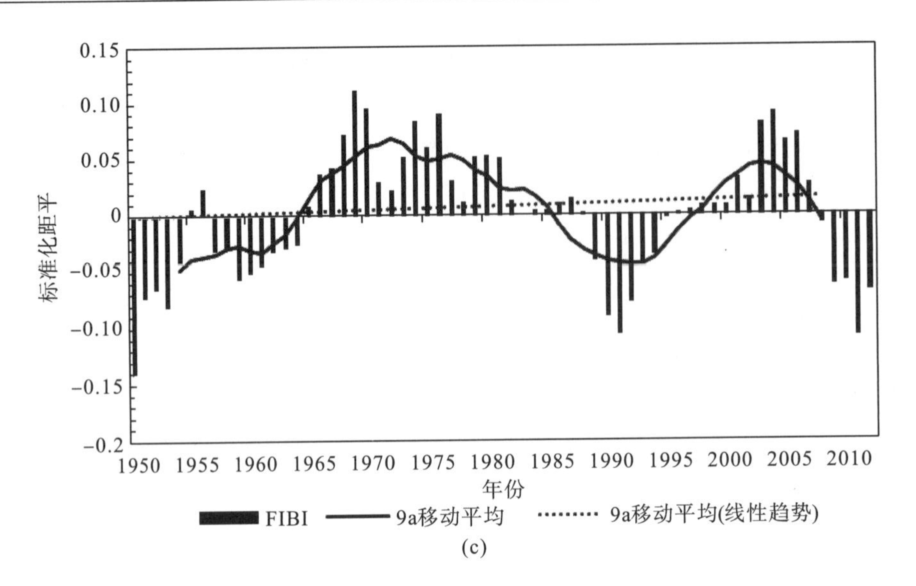

(c)

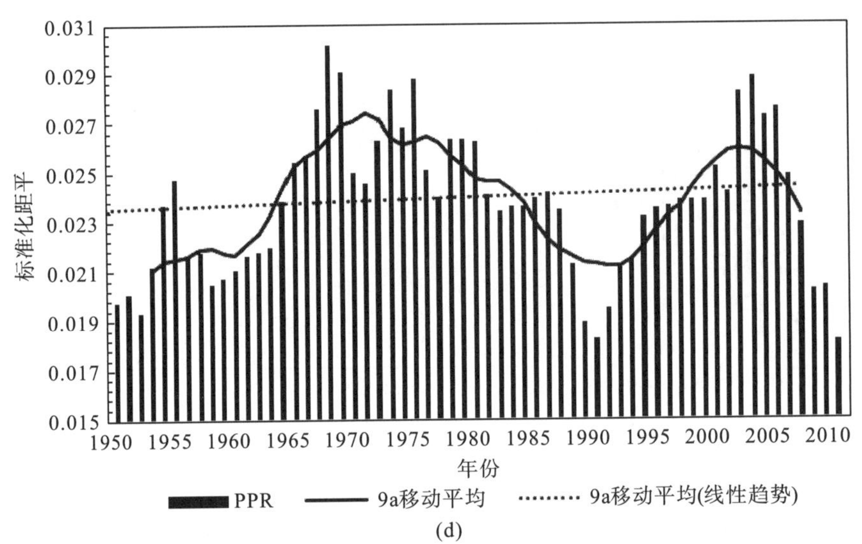

(d)

图 5-14 CATCH、mTL、FIBI、PPR 的 9 年移动平均的标准化距平

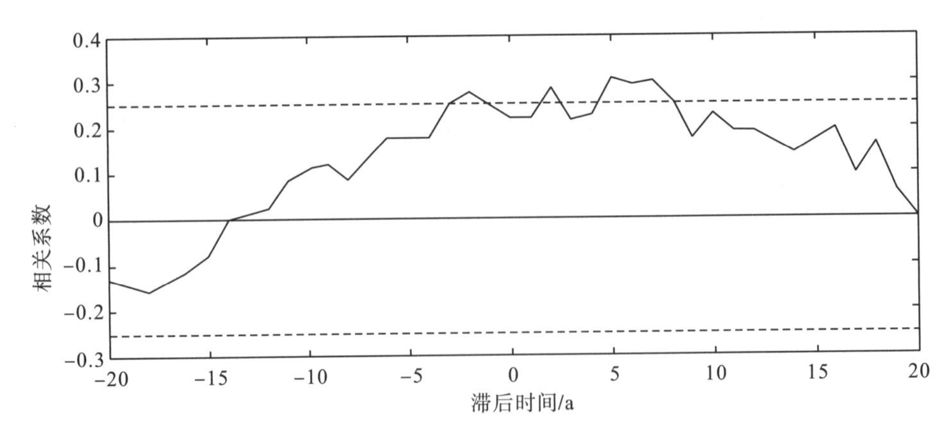

图 5-15 东北大西洋渔获物渔获量与 NAO 指数的滞后时间分析

由表 5-3 可得，在 1950～1969 年，CATCH 与 AMO 指数呈负相关关系(相关系数为−0.80140)，与 PVI 指数呈正相关关系(相关系数为 0.50141)，mTL 与 AMO 指数呈正相关关系(相关系数为 0.69895)，FIBI 与 AMO 指数、TA 指数均呈负相关关系(相关系数分别为−0.64101 和−0.48819)，PPR 与 AMO 指数、TA 指数呈负相关关系(相关系数分别为−0.61665 和−0.46569)；在 1986～1998 年，CATCH 与 NAO 指数、AO 指数呈负相关关系(相关系数分别为−0.62303 和−0.61851)，PPR 与 NAO 指数、AO 指数呈负相关关系(相关系数分别为−0.64023 和−0.70088)；在 1999～2003 年，mTL、FIBI 和 PPR 均与 AMO 指数呈正相关关系(相关系数分别为 0.94970、0.90375 和 0.90446)，PPR 还与 PVI 呈负相关关系(相关系数为−0.87872)，均超过了 0.05 的显著性检验。

表 5-3　各时间段东北大西洋渔获物生物多样性指标与气候指数的关系

时间段		AMO	NAO	AO	TA	PVA	PVI
1950～1969 年	CATCH	−0.80140	−0.06488	−0.02745	−0.36842	0.42334	0.50141
	mTL	0.69895	−0.10602	−0.22345	0.10024	−0.25260	−0.44629
	FIBI	−0.64101	−0.16126	−0.16257	−0.48819	0.42799	0.42280
	PPR	−0.61665	−0.15391	−0.17631	−0.46569	0.40708	0.38674
1986～1998 年	CATCH	0.34943	−0.62303	−0.61851	0.24787	0.40415	−0.13382
	mTL	0.14326	−0.03995	−0.09314	−0.16005	−0.27752	−0.10587
	FIBI	0.43736	−0.62846	−0.68798	0.06722	0.16305	−0.21437
	PPR	0.44592	−0.64023	−0.70088	0.07397	0.15519	−0.23186
1999～2003 年	CATCH	−0.80823	−0.49144	−0.79248	−0.19055	0.82163	0.58972
	mTL	0.94970	−0.03788	0.51899	0.59952	−0.80897	−0.84081
	FIBI	0.90375	−0.32372	0.31538	0.75762	−0.70224	−0.87642
	PPR	0.90446	−0.30701	0.32975	0.75102	−0.71348	−0.87872

5.2.2　渔获组成与气候变化的关系

进一步分析各营养级类别与气候指数的关系，TrC1 受 AO、TA 和 PVA 的影响，而 TA 指数对 TrC1 影响最大，与 TrC1 呈正相关关系(相关系数为 0.67)；TrC2 与 AMO、TA、PVA 和 PVI 有关，其中 TA 指数对 TrC2 影响最大，与 TrC2 呈负相关关系(相关系数为−0.57)；而 TrC3 受 AMO 和 PVI 的影响，但 AMO 对 TrC3 影响更大，与 TrC3 呈正相关关系(相关系数为 0.40)，均超过 0.01 的显著性检验。分析各水层与气候指数的关系，发现中上层鱼类受 AMO 影响，呈负相关关系(相关系数分别为−0.53)；中下层鱼类受 AMO、NAO 和 AO 影响，其中 NAO 影响最大，呈负相关关系(相关系数分别为−0.30)；底层鱼类与 AMO 和 TA 相关，其中与 AMO 呈负相关关系(相关系数为 0.56)，超过了 0.05 的显著性检验。

针对各冷暖性鱼类与气候指数的关系，研究发现冷水性鱼类同时受 AMO 和 NAO 两者影响，其中与 AMO 呈负相关关系(相关系数为−0.59)；暖水性鱼类与 AO 和 TA 相关，其中与 TA 呈正相关关系(相关系数为 0.34)，超过了 0.05 的显著性检验。通过分析各食性鱼类与气候指数的关系，得到浮游植物食性鱼类与 TA 指数呈正相关关系(相关系数为 0.73)，与其他(除

AO 外)气候指数有关；浮游动物食性鱼类与 AMO 指数呈负相关关系(相关系数为-0.28)，其他气候指数影响不大；游泳生物食性鱼类与 AMO、TA 和 PVI 三者相关，其中与 AMO 呈正相关关系(相关系数为 0.48)；底栖生物食性鱼类受 NAO、AO 和 PVA 影响，与 PVA 指数呈正相关关系(相关系数为 0.27)；甲壳类除了与 NAO 相关性较差，与其他气候指数均相关，其中与 TA 指数呈正相关关系(相关系数为 0.74)；软体类受多个气候指数(除 AMO 和 PVI)影响，与 TA 指数呈正相关关系(相关系数为 0.65)，均超过了 0.05 的显著性检验。

5.3 渔获物与海洋环境变化的关系

5.3.1 渔获物多样性指标与海洋环境变化的关系

1998～2012 年东北大西洋渔获组成具有较高的相似水平，随着东北大西洋沿海国及渔业组织不断完善渔业管理制度，捕捞对渔业资源的影响相对稳定，气候变化对渔业资源的影响可能更显著，于是选择 1998～2012 年东北大西洋渔获物生物多样性指标进行研究分析。结果表明，CATCH 主要受海冰面积影响，呈正相关关系(相关系数为 0.908)；mTL 主要受 SST 和 SSS 的影响，均呈正相关关系(相关系数分别为 0.817 和 0.653)；FIBI 和 PPR 主要受 CHLOR 的影响，均呈负相关关系(相关系数分别为-0.581 和-0.583)。同时从图 5-16 的 3a 移动平均可以看到，mTL、FIBI 和 PPR 在 2001 年和 2010 年存在突变，这与 4.2 节研究获得的各海洋环境因子突变现象年份一致。

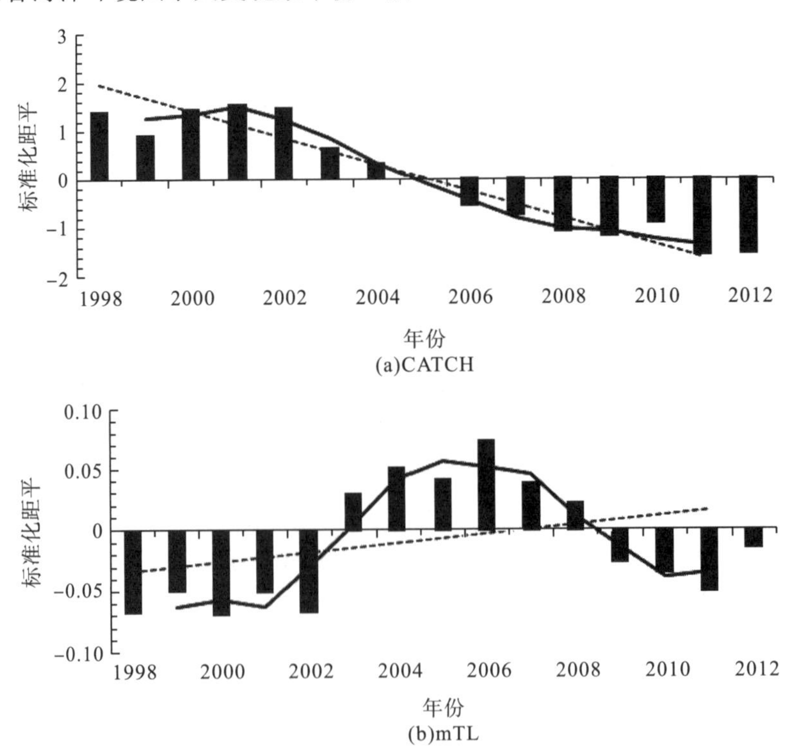

(a)CATCH

(b)mTL

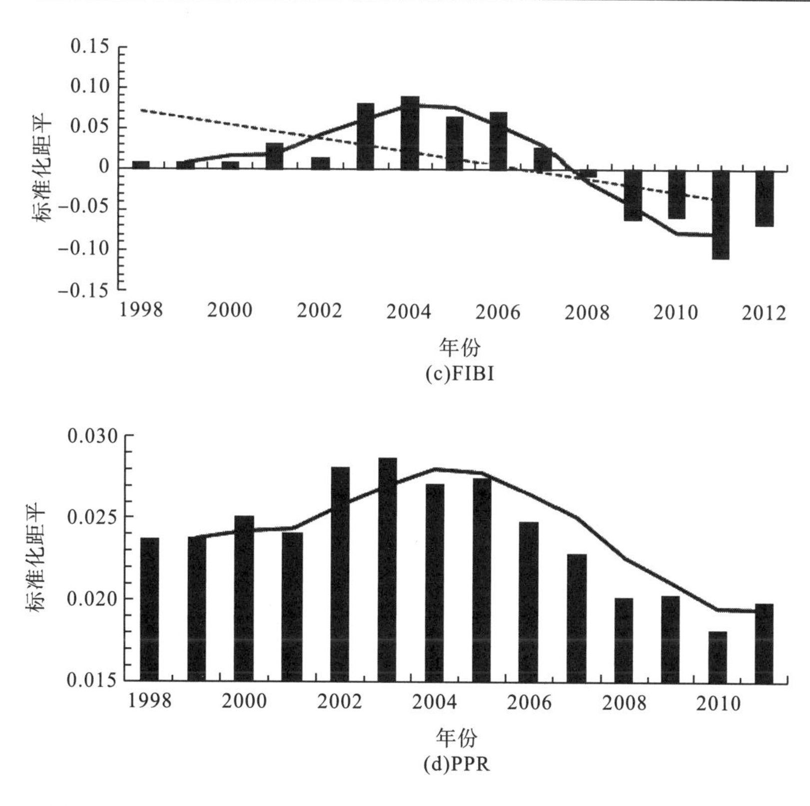

(c)FIBI

(d)PPR

图 5-16　CATCH、mTL、FIBI 以及 PPR 的 3a 移动平均的标准化距平

（实线为 3a 移动平均，虚线为线性趋势）

对东北大西洋渔获组成进行逐步分析和相关检验获得各海洋环境因子对东北大西洋渔获组成的影响：海冰面积>海面盐度>海洋流速>海面温度>叶绿素浓度>海面高度，其中影响最密切的是海冰面积和海面盐度的组合，相关系数达 0.759（表 5-4，表 5-5）。海冰面积影响较大的鱼类有黑线鳕、竹荚鱼属、北方长额虾、格陵兰大比目鱼、普通黄道蟹；海面盐度影响较大的鱼类有绿青鳕、欧洲鸟尾蛤、鲟鳕、金平鲉、欧洲大扇贝（表 5-6）。

表 5-4　东北大西洋渔获组成逐步分析海洋环境相关最佳组合

相关系数	海洋环境组合
0.759	海冰面积、海面盐度
0.679	海冰面积
0.669	海冰面积、海面盐度、海洋流速
0.661	海冰面积、海面温度、海面盐度
0.617	海冰面积、海面温度、海面盐度、海洋流速
0.599	海冰面积、海洋流速
0.568	海冰面积、海面盐度、叶绿素浓度
0.559	海冰面积、海面盐度、海面高度
0.556	海冰面积、海面盐度、海洋流速、叶绿素浓度
0.556	海冰面积、海面温度、海洋流速

表 5-5 东北大西洋海洋环境与渔业资源相关检验分析

海洋环境因子	Spearman 秩相关系数	显著水平
海冰面积 S_I	0.679	0.001
海面温度 SST	0.077	0.242
海面盐度 SSS	0.551	0.001
海面高度 SSH	−0.118	0.766
海洋流速 V_c	0.122	0.122
叶绿素浓度 CHLOR	−0.005	0.473

表 5-6 海冰面积和海面盐度影响较大的渔业种类

海冰面积		海面盐度	
相关系数	种类	相关系数	种类
0.855	黑线鳕、竹荚鱼属、北方长额虾、格陵兰大比目鱼、普通黄道蟹	0.699	绿青鳕、欧洲鸟尾蛤、鲟鳕、金平鲉、欧洲大扇贝
0.852	大西洋鳕、黑线鳕、竹荚鱼属、北方长额虾、普通黄道蟹	0.697	竹荚鱼、欧洲鸟尾蛤、金平鲉、欧洲大扇贝
0.848	大西洋鳕、黑线鳕、竹荚鱼属、北方长额虾、格陵兰大比目鱼	0.696	竹荚鱼、欧洲鸟尾蛤、鲟鳕、金平鲉、欧洲大扇贝
0.847	竹荚鱼属、北方长额虾、格陵兰大比目鱼、普通黄道蟹	0.696	大西洋鲱、欧洲鸟尾蛤、鲟鳕、金平鲉、欧洲大扇贝
0.847	大西洋鳕、黑线鳕、北方长额虾、格陵兰大比目鱼、普通黄道蟹	0.695	大西洋鲱、欧洲鸟尾蛤、金平鲉、欧洲大扇贝
0.845	大西洋鳕、竹荚鱼属、北方长额虾、普通黄道蟹	0.695	竹荚鱼、欧洲鸟尾蛤、鲟鳕、格陵兰大比目鱼、欧洲大扇贝
0.844	黑线鳕、绿青鳕、竹荚鱼属、北方长额虾、普通黄道蟹	0.695	沙丁鱼、欧洲鸟尾蛤、鲟鳕、金平鲉、欧洲大扇贝
0.843	大西洋鲱、黑线鳕、竹荚鱼属、北方长额虾、格陵兰大比目鱼	0.695	欧洲鸟尾蛤、鲟鳕、金平鲉、欧洲大扇贝
0.843	大西洋鳕、黑线鳕、北方长额虾、普通黄道蟹	0.694	欧洲鸟尾蛤、金平鲉、普通黄道蟹、欧洲大扇贝
0.843	大西洋鳕、大西洋鲱、黑线鳕、北方长额虾、普通黄道蟹	0.694	竹荚鱼、欧洲鸟尾蛤、金平鲉、普通黄道蟹、欧洲大扇贝

5.3.2 渔获组成与海洋环境变化的关系

通过逐步分析和相关检验可知，各海洋环境因子对东北大西洋渔获组成各项分类(冷暖性、食性、水层、营养级、鱼种)的影响各不相同，海冰面积和海洋流速对东北大西洋渔业资源冷暖性影响较大，海冰面积和海面盐度对东北大西洋渔业资源的食性影响较大，海冰面积对水层、营养级和鱼种都有着较大影响(表 5-7，表 5-8)。

表 5-7　东北大西洋渔获组成逐步分析海洋环境相关最佳组合

冷暖性		食性		水层	
相关系数	组合	相关系数	组合	相关系数	组合
0.313	SST，V_c	0.519	S_I，SSS	0.499	S_I
0.300	SST，SSH，V_c	0.486	S_I	0.458	S_I，CHLOR
0.281	SST，SSH，V_c，CHLOR	0.478	S_I，SSS	0.451	S_I，SSH，CHLOR
0.280	SSH，V_c	0.462	S_I，SSS，V_c	0.442	S_I，SST，CHLOR
0.267	SST，V_c，CHLOR	0.441	S_I，SSS，V_c	0.439	S_I，SST
0.262	S_I，SST，SSH，V_c，CHLOR	0.435	S_I，V_c	0.430	S_I，SST，SSH，CHLOR
0.262	S_I，SST，V_c	0.425	S_I，SSS，CHLOR	0.427	S_I，SSH
0.258	S_I，SST，SSH，V_c	0.410	S_I，SSS，V_c，CHLOR	0.381	S_I，SST，SSH，V_c，CHLOR
0.256	S_I，SSH，V_c	0.402	S_I，SSS，V_c，CHLOR	0.380	S_I，SSH，V_c，CHLOR
0.247	SSH，V_c，CHLOR	0.399	S_I，SST，SSS	0.379	S_I，SST，V_c，CHLOR

营养级		鱼种	
相关系数	组合	相关系数	组合
0.692	S_I	0.735	S_I
0.649	S_I，SST	0.691	S_I，SST
0.621	S_I，SSS	0.686	S_I，SSS
0.590	S_I，SST，SSS	0.663	S_I，SST，SSS
0.578	S_I，SST，CHLOR	0.658	S_I，SSS
0.576	S_I，CHLOR	0.657	S_I
0.567	S_I，SSH	0.652	S_I，SST，SSS
0.559	S_I，SSS，CHLOR	0.633	S_I，SST
0.559	S_I，SST，SSS，CHLOR	0.604	S_I，SST，SSS，V_c
0.540	S_I，SST，SSH	0.598	S_I，SST，V_c

表 5-8　东北大西洋海洋环境与渔获组成相关检验分析

海洋环境因子	冷暖性		食性		水层		营养级		鱼种	
	Spearman 秩相关系数	显著水平	Spearman 秩相关系数	显著水平	Spearman 秩相关系数	显著水平	Spearman 秩相关系数	显著水平	Spearman 秩相关系数	显著水平
海冰面积	0.218	<0.05	0.486	<0.01	0.499	<0.01	0.692	<0.01	0.735	<0.01
海面温度	0.146	>0.05	−0.039	>0.05	0.182	>0.05	0.196	<0.05	0.214	<0.05
海面盐度	−0.020	>0.05	0.396	<0.01	0.019	>0.05	0.346	<0.01	0.402	<0.01
海面高度	0.156	>0.05	−0.150	>0.05	0.107	>0.05	0.053	>0.05	−0.043	>0.05
海洋流速	0.226	<0.05	0.081	>0.05	−0.005	>0.05	−0.048	>0.05	0.010	>0.05
叶绿素浓度	0.035	>0.05	−0.039	>0.05	0.186	>0.05	0.173	>0.05	0.012	>0.05

5.4 主要种类案例分析

5.4.1 鳕类

鳕类是北极主要经济鱼种，栖息于海洋底层和深海中，种类繁多，主要有极地鳕(*Boreogadus saida*)、大西洋鳕和狭鳕等。其中，大西洋鳕具有广温性和广盐性，产卵场温度一般在 2～10℃，盐度为 28‰～36‰。鳕类主要分布于北大西洋两岸，英国、冰岛、挪威等国近海和巴伦支海的斯匹次卑尔根岛海域，而这些海域主要有来自墨西哥湾流的北大西洋暖流，加上西斯匹次卑尔根暖流、挪威暖流、西格陵兰暖流、东格陵兰寒流等多个冷暖海流交汇，形成了东北大西洋渔场(林景祺，1994)。据 FAO 统计，1950～2012 年鳕类渔获量占东北大西洋总渔获量的 33.5%，分析得知鳕类渔获量与 AMO 指数呈负相关关系(相关系数为-0.436)，超过了 0.01 的显著性检验，1950～2012 年东北大西洋鳕类渔获量标准化距平如图 5-17 所示。

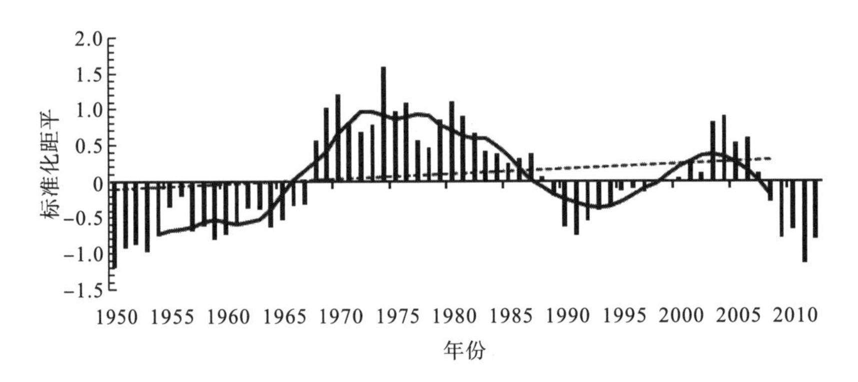

图 5-17 1950～2012 年东北大西洋鳕类渔获量标准化距平

Ottersen 和 Stenseth(2001)、Mann 和 Drinkwater(1994)研究发现，在巴伦支海和拉布拉多海域，大西洋鳕的资源丰度受 NAO 引起的水温和盐度变化的影响。在高 NAO 年，强西风使北大西洋暖流和挪威暖流从西南方向流入巴伦支海，这些暖流同时携带了大量的浮游动物饵料，水温升高提高了大西洋鳕幼体的主要饵料飞马哲水蚤(*Calanus finmarchicus*)的数量，有利于大西洋鳕幼体的存活和生长。另外有研究分析了气候变化与鳕资源的关系，发现自从 1988 年以来，大西洋鳕渔获组成部分主要是 5 龄以下甚至是 3 龄以下的未成熟鳕鱼(O' Brien et al.，2000)。据报道，从加拿大东岸到美国东岸西北部大西洋鳕资源枯竭主要因为北冰洋融化的海冰降低了海水中盐的浓度，进而海洋生态系统发生了变化，给大西洋鳕生存带来了不利影响(缪圣赐，2007a)。

美国国家海洋和大气管理局 2007 年 6～7 月对白令海的狭鳕资源进行调查，发现原来栖息于白令海、阿留申东侧海域的狭鳕向北移动到了普里比洛夫群岛西北外海到靠近俄罗斯专属区一带海域，初步认为气候变暖是白令海狭鳕渔场北移的原因(缪圣赐，2007b)。Wyllie-Echeverria 和 Wooster(1998)研究了白令海海域冷池和鱼群分布的关系，发现白令海北部海域的“冷池”现象同样对狭鳕种群变化产生影响。

5.4.2　鲑科

鲑科(Salmonidae)鱼类分布极广，数量丰富，是北极区域重要的冷水性、洄游性经济鱼类，对气候和海洋环境变化更为敏感，种类主要有北极红点鲑(*Salvelinus alpinus*)和大西洋鲑(*Salmo salar*)等。鲑科为溯河性鱼类，分布于太平洋、大西洋的北部及北冰洋海区和沿岸诸水系流域中。Reist 等(2006a)研究了气候变化对北极淡水鱼类和溯河产卵鱼类的影响。气候变化导致气温升高，对物种可能产生三种后果：局部群体灭绝；分布范围向北迁移；由于自然选择基因发生变化(Reist et al.，2006b)。

据 FAO 统计，1950～2012 年鲑科渔获量占东北大西洋洄游鱼类渔获量的 49.9%，分析得知，1950～2012 年鲑科渔获量与 AMO 指数、TA 指数均呈负相关关系(相关系数分别为-0.464 和-0.815)，与 PVA 指数、PVI 指数均呈正相关关系(相关系数分别为 0.426 和 0.427)，都超过了 0.01 的显著性检验。1950～2012 年东北大西洋鲑科渔获量标准化距平如图 5-18 所示。

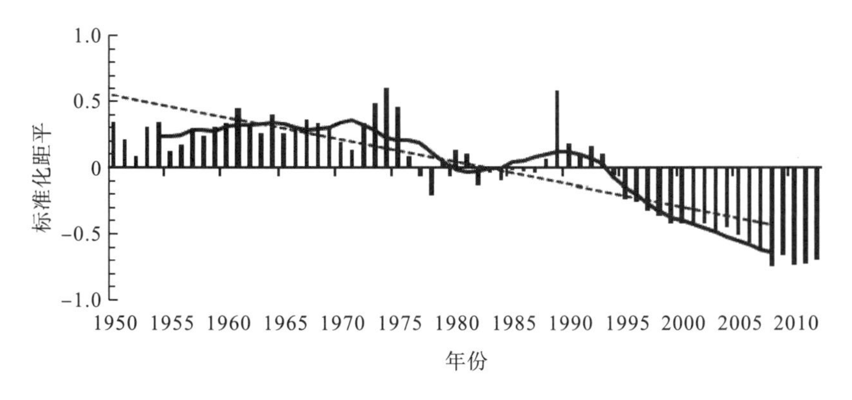

图 5-18　1950～2012 年东北大西洋鲑科渔获量标准化距平

美国哥伦比亚大学相关课题组研究了水温和鲑鱼死亡率的关系，发现水温上升会导致很多鲑鱼死亡，但存活下来的鲑鱼具有更加强健的心脏(方舟，2011)。对北极红点鲑(*Salvelinus alpinus*)来说，水温升高对其影响是多重的。夏季海面温度升高，最适生长水温(12～16℃)长时间持续，海洋生产力增加，使北极红点鲑的平均体长和体重增加。同时，春季较高的温度和冰层融化的加快，对在春季融冰时洄游的大西洋鲑产生不利影响，虽然这种情况可能提高大西洋鲑在海中停留的适应能力，但会使其耐盐能力下降以及成功溯河洄游的时间缩短。此外，水温急剧升高还会降低洄游鱼类渗透压的调节能力，引起能量消耗增加并导致生长率下降。

5.4.3 头足类

头足类作为喜温和偏爱高盐度的海洋无脊椎动物，属于高营养级物种。气候变化使海面温度和海面盐度增加，为头足类的生存创造了有利条件，越来越多的头足类出现在北极水域。主要的影响因素有以下几个方面。

(1)水温上升。北极海水变暖与大西洋水体流入量增加密切相关(Walther et al.，2002；Polyakov et al.，2005)，大西洋温暖的水体通过挪威洋流运到北极海盆，北极海水受不同程度的影响。其中，自1990年以来，巴伦支海表层水(0～200m)年度中期温度增加了0.5℃。有研究表明，北极短柔鱼(*Todaropsis eblanae*)的分布受水温影响，水温越高的水域其资源丰度越高(González et al.，1994；Hastie et al.，1994；Robin et al.，2002)。

(2)洋流运动。头足类在漂浮阶段，洋流会影响其移动。头足类可以通过洋流进行很长一段时间的移动，每年5～8月是大西洋洋流流入北极最活跃的时间。大西洋欧文乌贼(*Teuthowenia megalops*)通过洋流运动从挪威海渐渐移向北极(Blindheim，1990)。有记录表明，在挪威海漩涡区域头足类高度聚集，特别是黵乌贼。另外，黵乌贼幼体不能控制身体肌肉进行主动运动(Kristensen，1983)。

(3)海冰融化。2003年以前的30年中，海冰面积平均下降了8%，在夏末下降更多，缩减了15%～20%，并且融化趋势加快。海冰融化产生大量的冰间湖，而冰间湖具有风引起的上升流和直接到达的阳光，其初级生产力增加。初级生产力的提高为头足类提供了更高的食物生产率，导致大量的深海多足蛸在格陵兰岛海岸的北方冰间湖附近聚集(Gardiner and Dick，2010)。冰间湖是北极冬天光线最充足的区域，可能是存在更多头足类的原因。

据FAO统计，1950～2012年头足类渔获量占东北大西洋软体动物渔获量的24.0%，分析得知，1950～2012年头足类渔获量与AO指数、TA指数均呈正相关关系(相关系数分别为0.254和0.504)，均超过了0.05的显著性检验，1950～2012年东北大西洋头足类渔获量标准化距平如图5-19所示。

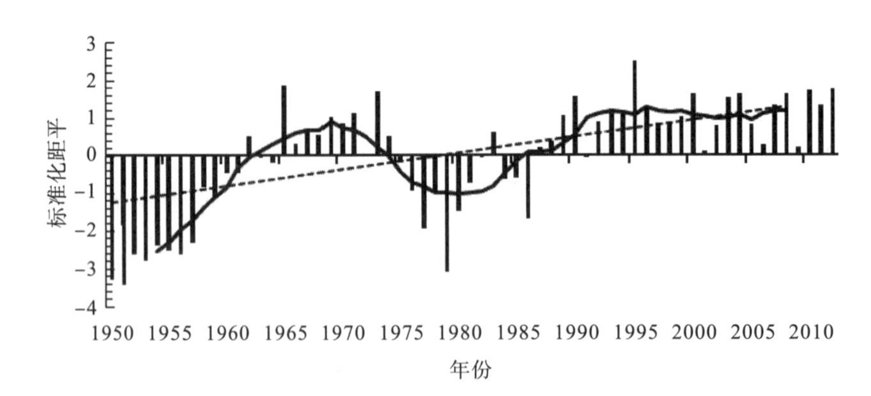

图5-19　1950～2012年东北大西洋头足类渔获量标准化距平

第6章　东北大西洋北海渔场鱼类群落结构年际变化研究

6.1　种类组成与丰度变化

2001～2015 年东北大西洋北海渔场共出现渔业资源种类 280 种，其中鱼类 222 种，占总数的 79.3%，其中 210 种属于硬骨鱼类。从鱼类适温性来看，冷水性鱼类 39 种，冷温性鱼类 120 种，分别占鱼类总数的 17.6%和 54.1%；暖水性鱼类 19 种，暖温性鱼类 44 种，分别占鱼类总数的 8.6%和 19.8%，鱼类区系特征较为明显，偏冷温性。

将冷水性和冷温性鱼类视为冷水系，将暖水性和暖温性鱼类视为暖水系鱼类。从鱼类适温性组成变化来看(图 6-1)，两种水系的物种数大致呈波动上升的趋势，且冷水系与暖水系物种数比值呈下降的趋势，意味着暖水系的物种数所占比例越来越大。北海渔场的优势种有：黑线鳕(*Melanogrammus aeglefinus*)、大西洋鲱(*Clupea harengus*)、挪威长臀鳕(*Trisopterus esmarkii*)、黍鲱(*Sprattus sprattus*)、牙鳕(*Merlangius merlangus*)、欧洲黄盖鲽(*Limanda limanda*)、蓝鳕(*Micromesistius poutassou*)、竹荚鱼(*Trachurus trachurus*)、大西洋鲭(*Scomber scombrus*)和欧洲鳀(*Engraulis encrasicolus*)。

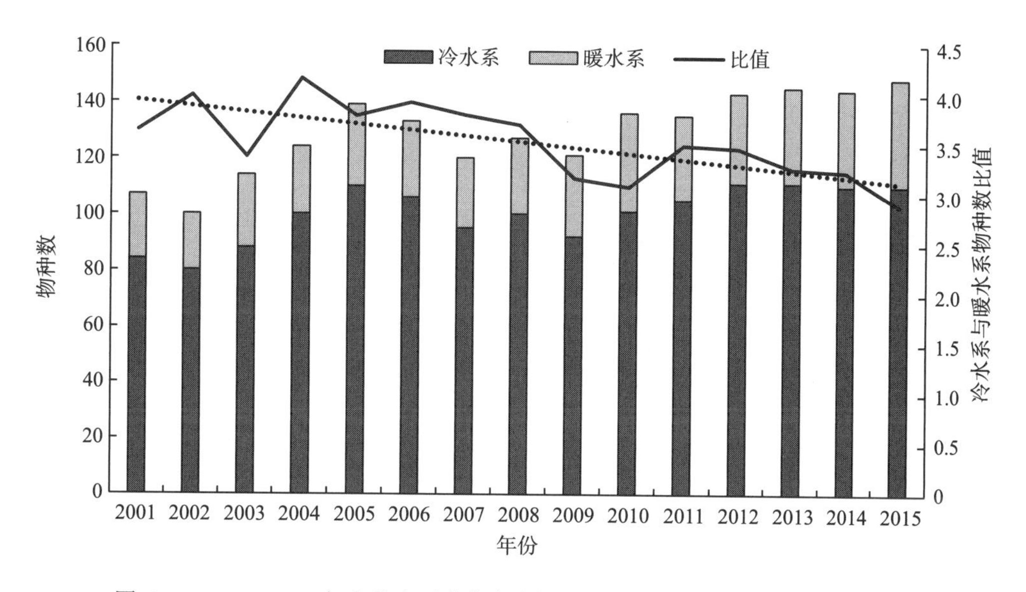

图 6-1　2001～2015 年东北大西洋北海渔场不同适温性鱼类物种数和比值变化

从物种数和丰度变化来看(图 6-2)，2002 年渔业资源丰度达到 1061 万尾，其中以黑线鳕、大西洋鲱、竹荚鱼为主的鱼类资源丰度迅速增加；资源丰度在 2003～2013 年整体上呈较低的水平，2007 年最低为 438 万尾，大西洋鲱、欧洲黄盖鲽、黑线鳕等多个物种丰度下降较大；2014 年资源丰度达到最高值 1070 万尾，其中透明虾虎鱼(*Aphia minuta*)、大西洋鲱、欧洲鳀等物种在该年资源丰度均呈现较高的水平。在物种数上，2002 年鱼类物种数最低，仅有 112 种，之后物种数整体上呈增加趋势，到 2015 年达到 174 种，出现了杜氏银大眼鳕(*Gadiculus thori*)、洛氏长臀虾虎鱼(*Pomatoschistus lozanoi*)、黑椎鲷(*Spondyliosoma cantharus*)等多个鱼种。

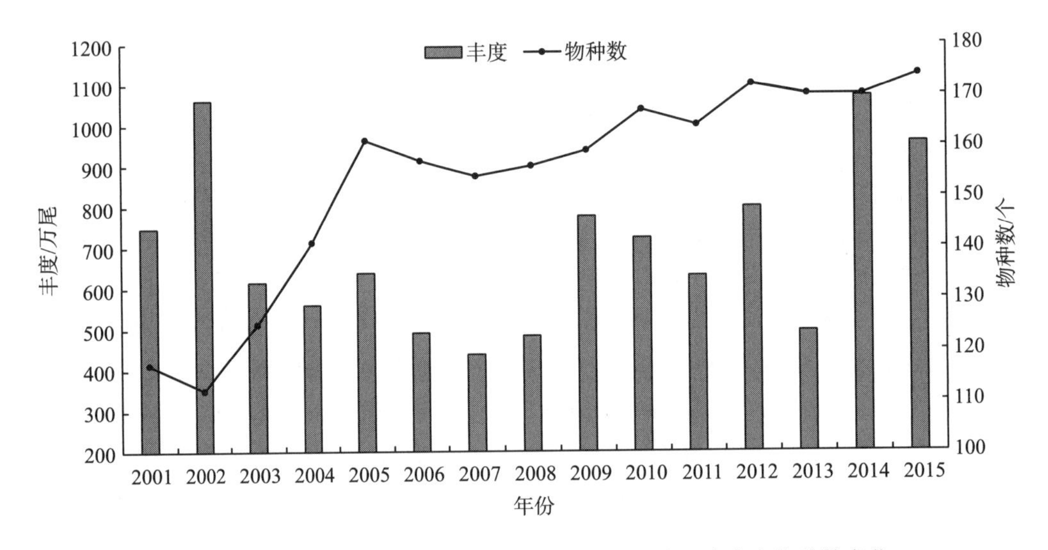

图 6-2 2001～2015 年东北大西洋北海渔场渔业资源丰度和物种数变化

6.2 群落多样性变化

通过研究该海域鱼类群落的 Shannon-Wiener 多样性指数(H')、Margalef 物种丰富度指数(D)和 Pielou 均匀度指数(J)，发现该海域鱼类群落多样性的年际变化较大(图 6-3)。鱼类群落多样性指数 H' 为 1.50～2.15，2002 年和 2007 年处于相对较低的水平，2006 年和 2013 年较高，总体上呈缓慢上升的趋势；均匀度指数 J 为 0.31～0.42，其变化趋势大致与 H' 相同；丰富度指数 D 为 6.86～10.76，2002～2005 年呈快速上升阶段，2006～2015 年变化不大，有少量增加。相关性分析表明，丰富度指数 D 与多样性指数 H'、均匀度指数 J 均呈显著正相关关系($P<0.05$)，多样性指数 H' 和均匀度指数 J 呈极显著正相关关系($P<0.01$)。

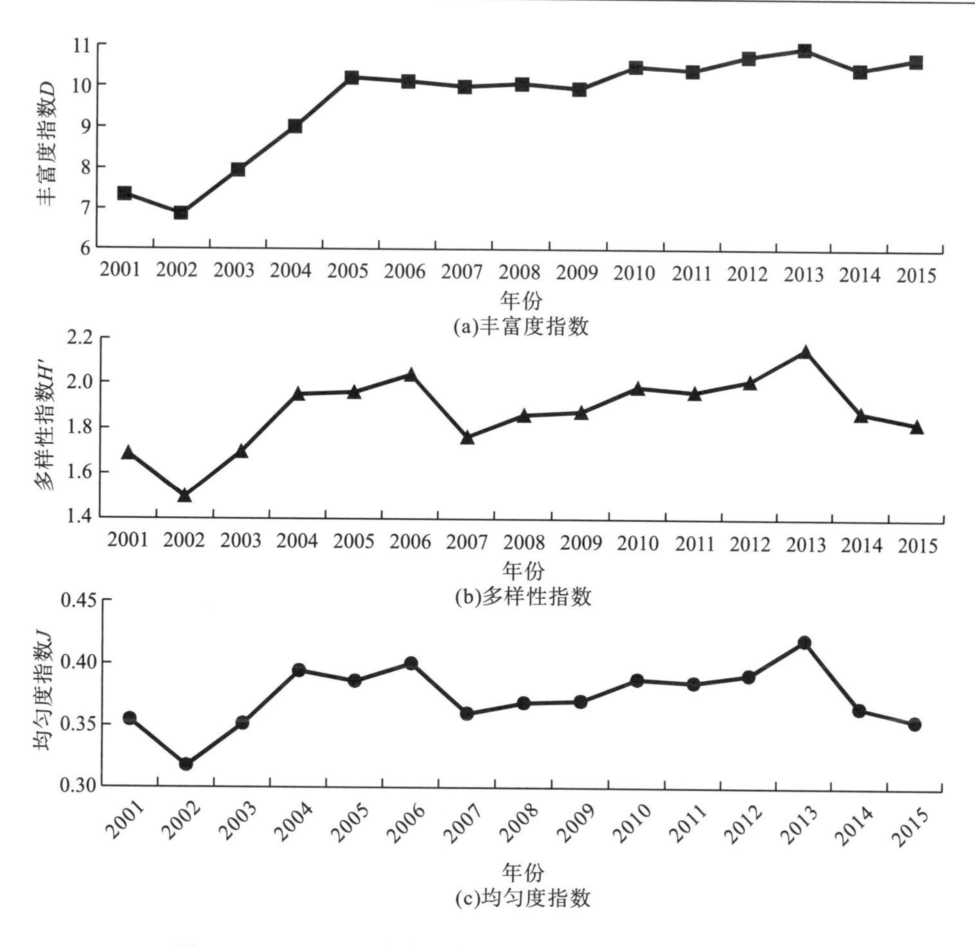

图 6-3　2001～2016 年东北大西洋北海渔场物种指数年际变化

6.3　群落结构的年际变化分析

群落结构变化采用时间序列上的聚类分析和非度量多维尺度分析排序方法(图 6-4 和图 6-5)。在 80%的相似水平上，2001～2015 年东北大西洋北海渔场的鱼类群落大体经历了三个阶段：第一阶段为 2001～2003 年，第二阶段为 2004～2011 年，第三阶段为 2012～2015 年。非度量多维尺度分析在 Stress 为 0.09 的情况下与其结果一致，排序结果可信度较高。相似性分析检验结果显示不同阶段群落结构存在极显著差异($P<0.01$)。

应用相似性百分比分析显示各阶段群落结构中相似的典型种以及造成不同组之间群落结构差异的分歧种，选取相似(异)性贡献率在 5%以上的种类(表 6-1)。在第一阶段(2001～2003 年)组内典型种主要有黑线鳕、大西洋鲱和黍鲱，对组内相似性贡献率达 50.6%；第二阶段(2004～2011 年)组内典型种主要有黑线鳕、黍鲱、挪威长臀鳕，对组内相似性贡献率达 43.9%；第三阶段(2012～2015 年)组内典型种主要有黍鲱、挪威长臀鳕、大西洋鲱，对组内相似性贡献率达 46.3%。对第一、二阶段相异性贡献率较高的物种为大西洋鲱、黑线鳕等；对第二、三阶段相异性贡献率较高的物种为黑线鳕、黍鲱等。

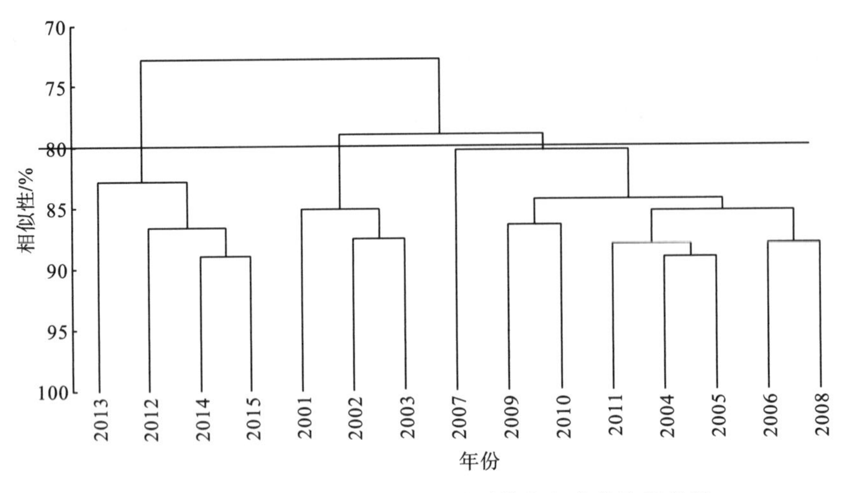

图 6-4　东北大西洋北海渔场群落结构年际变化聚类分析

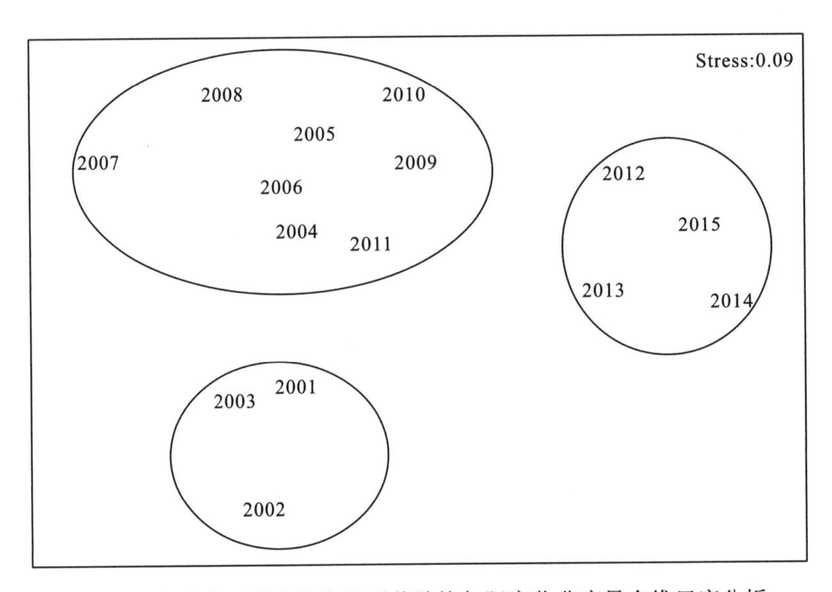

图 6-5　东北大西洋北海渔场群落结构年际变化非度量多维尺度分析

表 6-1　鱼类群落年际组内和组间分歧种及其贡献百分比

种类	组内典型种相似性贡献率/%			组间分歧种相异性贡献率/%	
	2001～2003 年	2004～2011 年	2012～2015 年	第一阶段&第二阶段	第二阶段&第三阶段
黑线鳕 *Melanogrammus aeglefinus*	20.7	19.7	—	12.2	21.3
大西洋鲱 *Clupea harengus*	19.2	10.8	15.0	22.0	11.8
黍鲱 *Sprattus sprattus*	10.7	12.4	15.7	9.1	14.1
挪威长臀鳕 *Trisopterus esmarkii*	10.1	11.8	15.6	8.5	9.2
牙鳕 *Merlangius merlangus*	9.2	6.1	7.3	7.3	5.6
欧洲黄盖鲽 *Limanda limanda*	5.3	6.3	6.8	—	—
大西洋鲭 *Scomber scombrus*	—	—	—	5.4	—

2001～2015 年东北大西洋北海渔场鱼类群落结构发生了明显的改变，年际间资源丰度波动较大，物种数上升，在鱼类适温性结构组成上，暖水系的鱼类占比不断增加。往往鱼类物种的组成是受不同种群相互联系和其所处环境长期变化综合影响而逐渐形成的。全球海洋温度在 20 世纪就逐步提升，大西洋东北部的变化尤其明显，北大西洋气候变化带来的长期影响导致该海域海面温度以平均每年 0.6℃的速度上升，纵带羊鱼(*Mullus surmuletus*)、沙丁鱼(*Sardina pilchardus*)等许多具有南方亲缘地理特征的鱼类出现在更高纬度海域，调查发现 1986～2000 年在北海渔场新出现的鱼类就多达 46 种。

东北大西洋北海渔场资源丰度的年际间变化波动较大，总体上呈先减后增的趋势。在 2002 年的资源调查中，黑线鳕、大西洋鲱的资源丰度均处于较高的水平，2003～2013 年黑线鳕和大西洋鲱资源开始呈衰退的趋势，至 2014 年资源丰度恢复时，透明虾虎鱼、欧洲鳀取代了黑线鳕成为群落的优势种群。FAO 统计显示，从 20 世纪 50 年代开始，东北大西洋渔业产量构成也由鳕鱼、鲱鱼类转变为毛鳞鱼等经济价值较低的鱼类。除此之外，北海渔场鱼类群落营养级不断下降，体长结构组趋于小型化，进一步验证了该海域鱼类群落正由经济价值高、个体大、年龄结构复杂的群落向着经济价值低、个体小、年龄结构简单的群落演替。这种变化趋势主要由捕捞引起，个体较大的鱼类捕捞死亡率要高于个体较小的鱼类，并且在食物链中，处于高营养级的大个体捕食者数量减少也会使处于低营养级的小个体鱼类进一步增加，最终会导致鱼类群落结构朝着种类小型化和资源低值化的方向改变。

从东北大西洋北海渔场的群落多样性来看，Shannon-Wiener 多样性指数(H')、Margalef 物种丰富度指数(D)和 Pielou 均匀度指数(J)存在显著的正相关关系。鱼类生物多样性的影响因素是多样的，除了地理环境因素外，还有捕捞因素。高强度的捕捞是群落多样性降低的主要因素，这种现象在我国近海的研究中较为常见。反观北海渔场，群落多样性不断增长，一方面是受气候因素的影响，出现了以欧洲鳀为主的大量新的鱼类种群，有效减缓了该海域资源衰退的现象，保证了生物多样性的恢复；另一方面则归功于有效的渔业管理制度，欧洲一些国家针对鲱鱼、鳕鱼等资源衰退的情况，严格控制总允许可捕量，及时阻止了资源的衰退。

结合资源变化情况，根据聚类分析和非度量多维尺度分析排序结果，可得 2001～2015 年北海渔场的鱼类群落大体经历了三个阶段：2001～2003 年为稳定期，该阶段中黑线鳕、大西洋鲱等经济鱼种资源丰度较高，总体上资源量处于较高水平，群落结构较为稳定；2004～2011 年为衰退期，该阶段中黑线鳕、大西洋鲱资源衰退迹象显著；2012～2015 年为恢复期，鲱鱼资源恢复，同时还伴随着欧洲鳀等新的优势种群出现。

6.4 主要分歧种格局变化

选取对年际间群落结构差异贡献率较大的分歧种大西洋鲱、黍鲱、黑线鳕，利用 STARS 算法研究群落结构发生转变的时间，分析转变前后特征变化(图 6-6)。

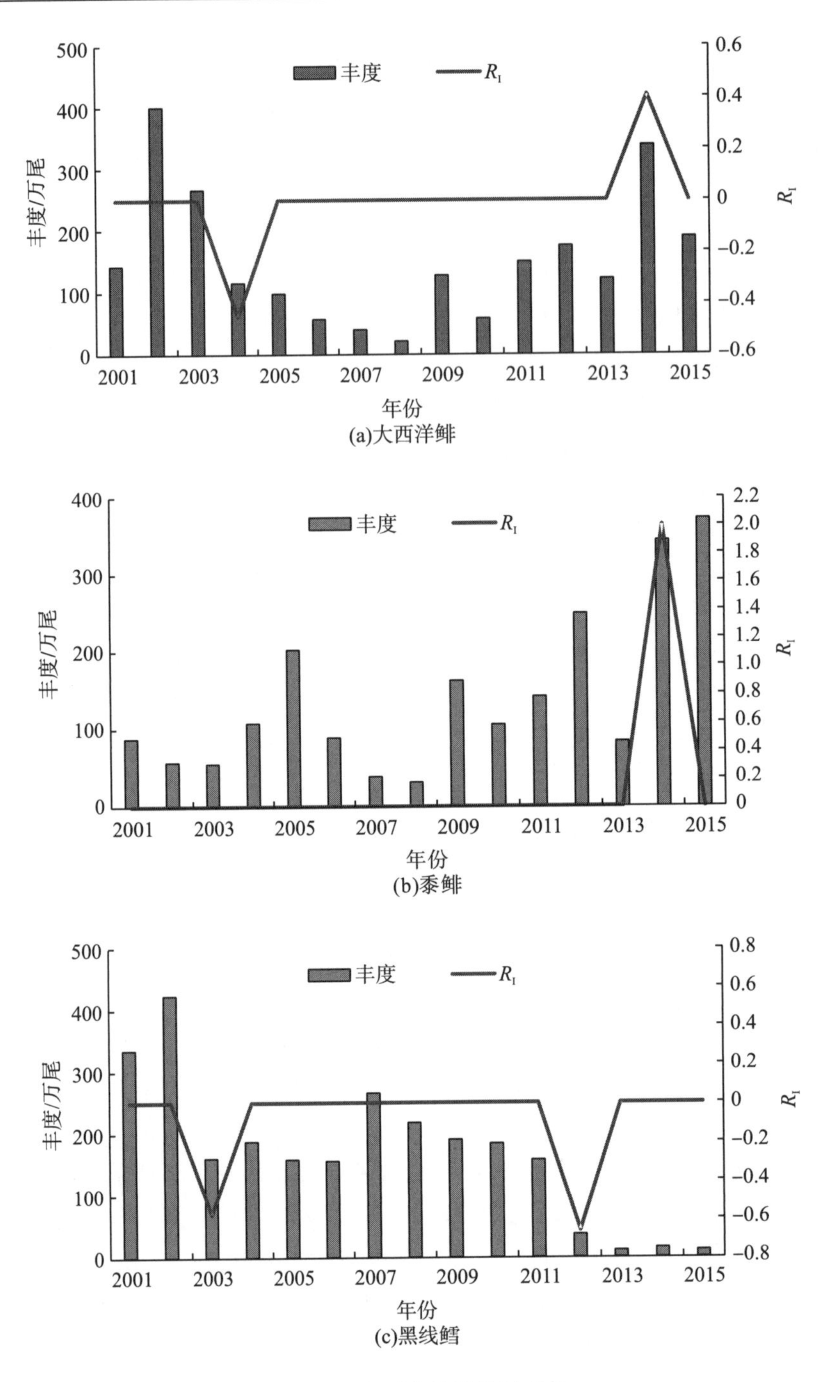

图 6-6　主要分歧种格局变化

大西洋鲱分别在 2004 年和 2014 年群落结构发生明显的格局转变，R_I 分别为−0.45 和 0.41。2004 年格局转变前其丰度较高，平均为 270.5 万尾/年；2004 年之后丰度降低，平均为 96.6 万尾/年；至 2014 年丰度再次上升，平均 263.9 万尾/年。

2001～2015 年中黍鲱发生过一次较为明显的种群格局转变，R_I 为 2。在 2014 年之前，该种群丰度保持在 109 万尾/年；2014 年之后丰度上升至 357.5 万尾/年。

黑线鳕种群在 2001～2015 年中发生了两次转变，发生时间分别在 2003 年和 2012 年，R_I 分别为-0.58 和-0.66，其丰度呈递减态势。2003 年之前种群丰度为 379.4 万尾/年，格局转变后减少为 186.6 万尾/年，2012 年之后进一步减少至 18.5 万尾/年。

6.5　鱼类群落结构变化的影响因素

资源变动和物种更替是东北大西洋北海渔场鱼类群落结构产生年际变化的内在要素，其受到气候变化、人为捕捞等多方面的影响。SIMPER 分析显示黑线鳕、大西洋鲱、黍鲱的资源变动是东北大西洋北海渔场群落结构发生转变的主要因素。进一步通过 STARS 分析可以发现，2003～2004 年群落结构的转变主要是黑线鳕和大西洋鲱资源量下降引起的。而 2011～2012 年群落结构的转变主要是 2014 年大西洋鲱、黍鲱资源量上升导致。

随着人类捕捞活动的加剧，鱼类群落结构也不可避免地发生变化。捕捞网具的改进和船舶功率的加大对东北大西洋北海渔场生产作业的影响是显著的。2003 年东北大西洋北海渔场的捕捞努力量达到 367 万千瓦，是 2013 年捕捞努力量的两倍左右；从东北大西洋捕捞量变化来看，2001～2003 年捕捞量也基本维持在 1000 万吨以上，处于历史较高的水平。另外，在 2009 年之前东北大西洋的捕捞量与捕捞努力量基本呈下降的趋势，而 2009 年之后虽然捕捞努力量仍然在下降，但是捕捞量开始呈波动上升的态势，这主要归因于大西洋鲭处于资源的旺发期，在 2013～2014 年其资源量一度达到了历史最高值。

高强度的商业捕捞在追求产量的同时对渔业资源造成了巨大的压力，对资源量破坏严重。黑线鳕和大西洋鲱是东北大西洋传统的经济鱼种，2000 年初其资源量处于较高的水平，伴随着渔业活动的增加，这两个种群很快就由于过度捕捞而资源衰退。捕捞对鱼类群落产生的重要影响之一就是鱼类群落中不同大小的个体其捕捞死亡率也不相同，通常来说个体较大的鱼类受捕捞死亡率的影响也更大。鳕鱼是北海渔场主要的 *k* 选择型鱼种，其个体较大，生活周期较长，其资源的衰退也导致北海鱼类群落体长组成整体变小，21 世纪以来该变化趋势更加显著。由此可见，人为捕捞在本研究的前两个阶段中占据了主导因素。尽管在 20 世纪末，北海渔场就已经对鳕鱼的捕捞量进行严格的控制，但是鳕鱼资源至今仍没有增长。

鱼类群落结构的改变往往被认为是气候变化与人类活动两种因素相互作用的结果。气候变化通过改变海洋物理环境，驱动鱼类的生理、繁殖、鱼卵和仔稚鱼输运等生物过程，最终影响鱼类群落的物种组成和资源变动。研究表明海洋鱼类对海面温度的变化有着最直接的响应，对北海渔场 SST 的 STARS 分析发现该海域在 2014 年海面温度出现了显著的升温(图 6-7)，这个时间与大西洋鲱、黍鲱种群发生格局转变，资源恢复的时间相吻合。研究发现随着海面温度的上升，海洋混合层加厚，在北大西洋地区光子在透光层的停留时间会延长，这有利于浮游植物的生长。除此以外，水温升高也能提高浮游生物的代谢率，并且浮游生物的种类也会增加。浮游生物的增加能够保证鲱鱼在仔稚鱼期有较高的存活率和充足的食物来源，对当年的世代强度有较大的影响。因此温度对鲱鱼早期生活史有着重要影响，水温与仔鱼的丰度呈正相关性。从食物链的角度来说，鳕鱼作为鲱鱼的捕食者和竞争者，其资源量的下降在一定程度上也有利于鲱鱼资源恢复。可以说 2014 年鲱鱼资源的恢复是多种生态因素相互作用的结果。

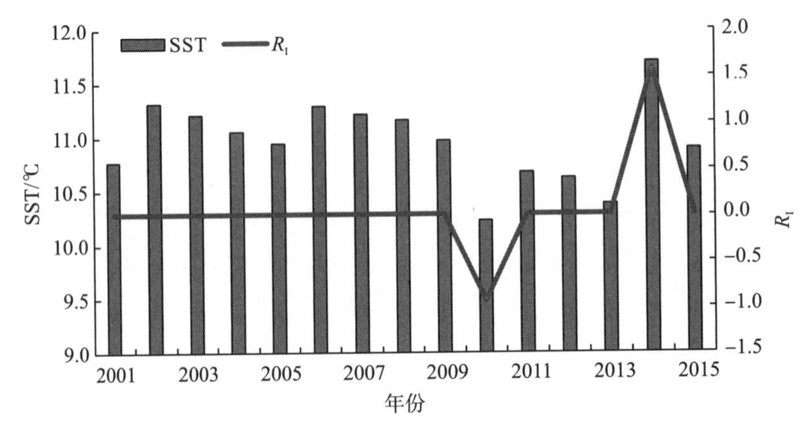

图 6-7　2001～2015 年东北大西洋北海渔场海面温度和格局转变指数

第 7 章　北极渔业资源变动的预测模型

7.1　一元线性回归模型

通过对 1998～2012 年东北大西洋渔获量进行逐步分析可知(表 7-1)，海冰面积与东北大西洋渔获量相关性最高(相关系数为 0.749)，故选择海冰面积作为东北大西洋渔获量预测模型的预测因子。

表 7-1　东北大西洋渔获量逐步分析海洋环境因子最佳组合

相关系数	海洋环境因子组合
0.749	海冰面积
0.632	海冰面积，海面温度
0.601	海冰面积，叶绿素浓度
0.581	海冰面积，海面高度
0.553	海冰面积，海面温度，叶绿素浓度
0.529	海冰面积，海面高度，叶绿素浓度
0.516	海冰面积，海面盐度
0.502	海冰面积，海面盐度，海面高度

由图 7-1 可知，1998～2013 年东北大西洋渔获量与海冰面积线性相关，由此对 1998～2010 东北大西洋渔获量与海冰面积进行线性回归分析。由图 7-2 可知 1998～2010 年东北大西洋渔获量的数据点几乎成为一条直线，说明渔获量服从正态分布，同时从图 7-3 的线性拟合图可以看出渔获量与海冰面积的拟合较好。回归分析结果表明，海冰面积对渔获量的影响极显著($p<0.01$)，相关系数为 0.869，获得线性方程为：

$$\mathrm{CATCH}=2.273S_{\mathrm{I}}-15.278+\varepsilon \tag{7-1}$$

式中，CATCH 为渔获量，S_{I} 为海冰面积，ε 为误差项。

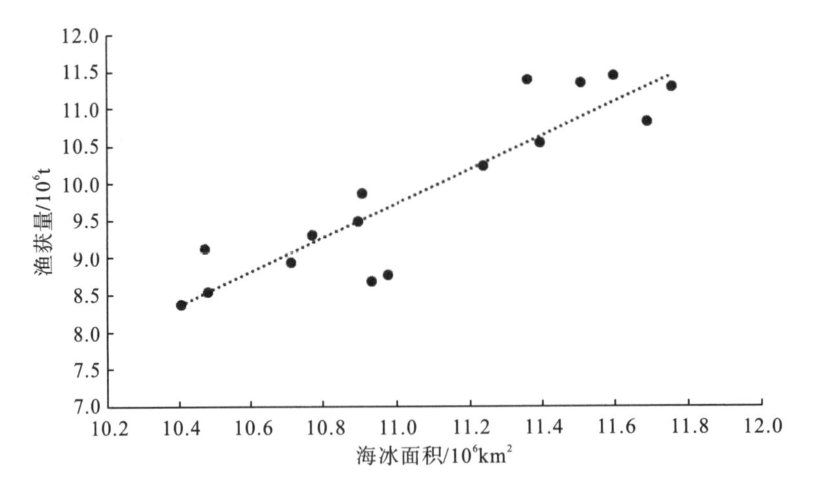

图 7-1 1998～2013 年东北大西洋渔获量与海冰面积线性关系图

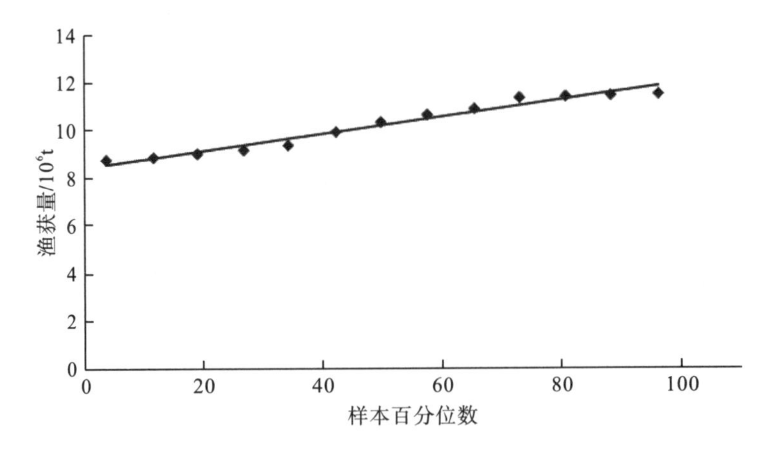

图 7-2 1998～2010 年东北大西洋渔获量正态概率图

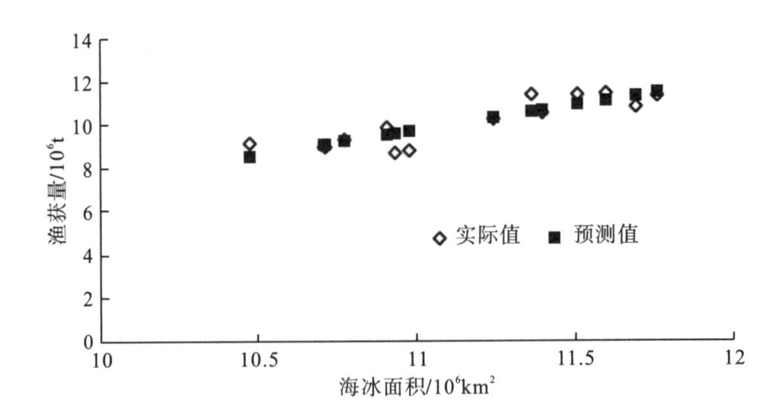

图 7-3 1998～2010 年东北大西洋渔获量与海冰面积拟合图

7.2　BP 神经网络模型

选取 2～7 个不同输入因子及相应的隐含层构建 6 种方案 13 种 BP 神经网络模型，其拟合结果的拟合残差范围为 0.002276～0.085377，网络结构为 6-4-1 的 BP 神经网络模型为最适合的预测模型，其拟合残差为 0.002276(表 7-2、图 7-4)。其第 1 隐含层各节点的权重矩阵和输出层各节点的权重矩阵如表 7-3 所示。

表 7-2　不同输入因子所得的不同拟合残差

网络结构	拟合残差	网络结构	拟合残差	网络结构	拟合残差
2-2-1	0.023085	3-3-1	0.021342	4-3-1	0.043598
2-1-1	0.085377	3-2-1	0.056466	4-2-1	0.037661
平均值	0.054231	平均值	0.038904	平均值	0.040629
网络结构	拟合残差	网络结构	拟合残差	网络结构	拟合残差
5-4-1	0.007995	6-5-1	0.002392	7-6-1	0.002754
5-3-1	0.007715	6-4-1	0.002276	7-5-1	0.002490
				7-4-1	0.002819
平均值	0.007855	平均值	0.002334	平均值	0.002688

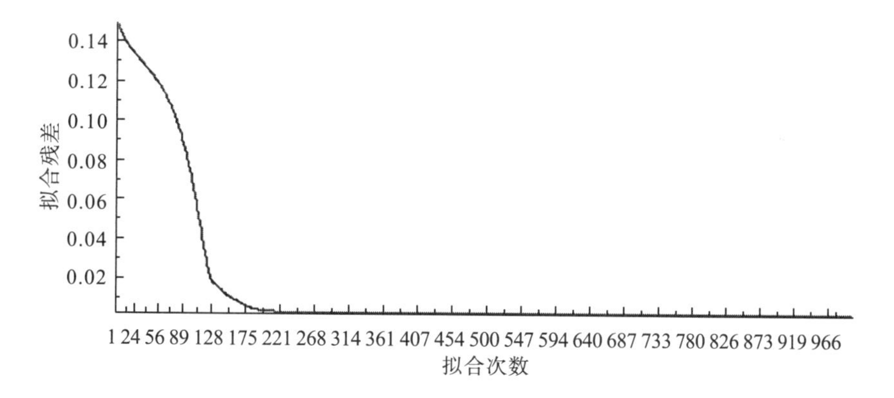

图 7-4　网络结构 6-4-1 的模拟结果

表 7-3　6-4-1 网络结构模型第 1 隐含层各节点和输出层各节点的权重矩阵

第 1 隐含层各节点的权重矩阵			
−0.0398	−0.4930	2.2308	−0.5839
−0.9745	4.2502	−9.3425	0.4813
0.1232	0.4615	−1.9352	−0.2061
1.8054	−0.3541	−1.3292	2.5797
−0.4715	0.6491	0.2450	−1.2226
−2.1521	−0.9234	5.2008	−3.4245

续表

输出层各节点的权重矩阵
−3.8003
5.6871
−9.3357
−4.9129

将2011～2012年的海洋环境数据代入网络结构6-4-1的BP神经网络模型，获得的预测渔获量分别为9.011×10^6t和9.202×10^6t，并对比图7-3和图7-5可知，其预测效果并没有一元线性回归模型预测效果好。故将2013～2014年海冰面积数据代入式(7-1)获得的东北大西洋渔获量分别为9.489×10^6t和9.246×10^6t。

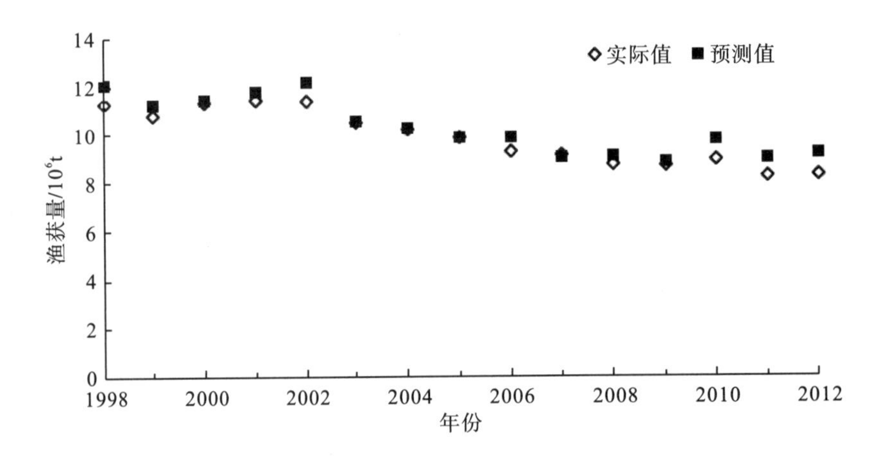

图7-5 1998～2012年BP神经网络模型渔获量预测值与实际值

第8章　气候变化条件下的北极渔业资源开发问题及对策

8.1　有关北极渔业资源养护与管理的法律问题

气候变暖将提高北极海域的初级生产力，影响北极海域鱼类的洄游与分布，促使北极海域渔业生产商业化。在北极海域还没有一个全面的区域渔业协定及其组织的情况下，根据《联合国海洋法公约》和《联合国鱼类种群协定》，北极海域各沿海国和对北极公海渔业资源有兴趣的非北极国家有义务进行合作，共同养护和管理北极渔业资源。北极理事会及其他区域渔业管理组织的实践使北极渔业管理前景存在不确定性。鉴于北大西洋海域区域渔业管理实践以及我国远洋渔业生产能力，建议在北极科学考察中增加北极生物资源的调查与研究，这样既可以为我国日后发展北极渔业做好准备，也可以为我国参与北极事务提供新的理由，增大我国北极事务管理的影响力。

8.1.1　北极渔业与国际法

北极区域有8个国家，分别是加拿大、美国、丹麦、俄罗斯、挪威、冰岛、芬兰和瑞典。其中，前5个国家于2008年5月在格陵兰岛举行了会议，发表了《伊卢利萨特宣言》(Ilulissat Declaration)，认为海洋法为解决北极各项事务提供了良好的法律框架。

8.1.1.1　《联合国海洋法公约》

尽管美国至今还没有加入《联合国海洋法公约》，但《联合国海洋法公约》关于专属经济区制度、公海的内容已成为国际习惯法的一部分且适用于美国。

《联合国海洋法公约》规定，沿海国对其专属经济区内的生物资源享有主权权利，但负有养护和合理利用这些生物资源的义务。对于溯河洄游鱼类，则鱼源国有主要利益和责任，原则上不允许在公海捕捞这些鱼类。

《联合国海洋法公约》在第七部分对公海捕鱼进行规定。确认了公海对所有国家开放，公海捕鱼是公海自由之一，但也为公海捕鱼设定了附加条件，除其他外，公海捕鱼必须受沿海国权利和义务的限制。

8.1.2.2　《联合国鱼类种群协定》

《联合国鱼类种群协定》是一个独立的全球性渔业协定，它细化、加强了《联合国海洋法公约》对跨界和高度洄游鱼类种群的规定，并在一定程度上有所发展。《联合国鱼类种群协定》明确规定了生态原则和预防性措施是养护与管理这两种鱼类种群的基本原则；提出了养护与管理措施应不互相抵触，以解决沿海国与公海捕鱼国之间的冲突；将区域渔业管理组织作为协定的基石，提出“对渔业有兴趣的国家”方可成为区域渔业管理组织的成员，也只有这些成员国才可以捕捞适用养护措施的渔业资源，非成员国的渔船不得捕捞上述渔业资源，非成员国应在此方面给予合作等。此外，《联合国鱼类种群协定》还制定了比较完善的实施机制，包括船旗国、港口国、非船旗国公海执法检查等，以保证鱼类种群的长期养护与可持续利用。

8.1.1.3 FAO 文件

1995 年 FAO 通过的《负责任渔业行为守则》及其框架下的各个“国际行为计划”也为各国进行渔业养护与管理提供了具体的指南。它们尽管是一种“软法”，但其中一些内容已经被全球性及区域性条约所吸收或援引，逐渐具有一定的约束力。

综上所述，基于北极渔业资源主要为跨界鱼类、高度洄游鱼类的特点，根据《联合国海洋法公约》和《联合国鱼类种群协定》，在目前还没有区域渔业管理组织的情况下，应采取合作，以实现渔业资源的长期养护与可持续利用。

8.1.2 北极理事会与北极渔业

北极理事会(Arctic Council)是目前相关国家讨论北极事务的主要平台。北极理事会于1996 年在加拿大渥太华成立，它扩大了合作的范围，增加了北极的可持续发展等内容，但不讨论军事安全问题。北极理事会有三类参加者：成员国、永久参加者、观察员。8 个北极国家是其成员国，3 个代表原住民的组织是其永久参加者。

在北极理事会框架中，与渔业相关的机构是北极动植物养护工作组，它是北极理事会下设的 6 个工作组之一，它的工作受其养护北极生物多样性战略计划指导。

在 2007 年的北极理事会会议上，美国提请北极理事会关注美国对北极渔业管理协定的决议，但没有引起其他各国的注意。2009 年 4 月召开的北极理事会第 6 届部长级会议通过的《特罗姆瑟宣言》对包括渔业在内的北极自然资源表达了关注，强调了北极自然资源利用对当地居民生存以及当地社区发展的重要性。

这种态度的转变可以解读为，北极理事会注意到气候变暖可能导致渔业资源的商业开发，但无法预测何时或在何处商业渔业可以发展，对渔业的关注主要是出于海洋生态系统保护的角度以及促进对其认识的角度。因此，目前北极理事会是否将北极渔业资源养护与管理纳入其管理范围，可能取决于北极国家对此问题的态度，同时也取决于该组织与非北极国家的关系。

北极理事会的成员资格仅限于 8 个北极国家，如果将其转型为区域管理组织(不论是海洋环境管理，还是综合的区域管理)，就需要改变其组织结构，允许非北极国家加入，并就组织宪章进行谈判。

8.1.3　北极渔业管理的挑战

8.1.3.1　“泛北极渔业管理制度”的缺失

大部分北冰洋海域尚未出现大规模商业捕捞，“陆地包围海洋”的地理特点又使北极地缘政治呈现复杂性及区域多样性。在如此自然及政治环境下，北极缺乏针对性的“泛北极渔业管理制度”也就不出人意料了。虽然原则上北极渔业管理遵循《联合国海洋法公约》《联合国鱼类种群协定》《生物多样性公约》等影响广泛的国际公约及措施，但由于北极渔业管理中自然及政治环境的特殊性，上述公约及措施均具有局限性：《联合国海洋法公约》仅提供海洋管理框架，并未提供北极冰封区域渔业管理的具体措施，公约条款也未很好地体现预防性渔业管理理念；《联合国鱼类种群协定》仅关注跨界及高度洄游鱼类种群，限制了其对北极渔业管理的适用性；《生物多样性公约》对国家管辖范围外及跨界的生物资源保护缺乏实质性措施，仅倡导国际合作，并把执行权下放给各个国家。另外，北极各国之间也相继签署了双边及多边协议，比如挪威—俄罗斯渔业事务合作协议，丹麦—挪威共同渔业关系协议，美国—俄罗斯共同渔业关系协议等，但这些北极区域性协议具有分区域、分鱼类的特点，没有形成适用于北极的“泛北极渔业管理制度”，意味着现阶段跨越行政区域的基于生态系统的渔业管理很难在北极地区得以执行。

8.1.3.2　北极区域性渔业管理组织的缺失

北极理事会能够协调北极事务、推动北极合作，但缺乏区域性渔业管理组织应该具备的制定强制性操作准则的权威性和专业性。虽然针对北冰洋边缘海存在一些区域性渔业管理组织或双/多边协议下的渔业委员会，但迄今为止无一能胜任北极渔业管理的职责。因此，北极渔业管理呈现出“碎片化”状态，具体表现为：北极各国开展迥异的、各自管辖范围内的北极渔业管理；区域性渔业管理组织仅管理有限的北极海域；北冰洋公海渔业管理几乎处于缺失状态。

8.1.3.3　北极渔业发展的不可预测性

北极渔业的发展面临着不可预测性。首先，气候变化背景下的鱼类群落结构、数量及分布具有未知性，现阶段的科学研究还未给出确切的预测。虽然多数研究专家认为气候变化背景下的北极渔业将面临更多的机会，但即使海冰融化、通往北极的鱼类种群洄游通道打通，北冰洋中央海域要形成渔场还取决于其他很多内部及外部因素，比如适宜的生态环境、鱼类的生理适应能力、生态种群间的互动关系等。

综上所述，北极渔业管理面临的挑战根源各异。而使北极渔业管理更趋复杂化的还有动态发展中的气候条件、变化中的北极生态环境、变幻的北极政治及经济环境等。北极特殊的地理位置及气候环境使其渔业管理具有独特性，国际社会没有很好的实践经验可以借鉴。然而，由于北极地缘政治的特殊性，北极渔业未来发展广受关注，构建合理并合法的北极渔业管理机制迫在眉睫。

8.1.4 未来北极渔业管理的可能模式

按照国际惯例，公海渔业一般由相关的区域性渔业组织管理。然而，出于自身利益，北冰洋沿海国并不认同北极区域性渔业组织存在的必要性，理由是现阶段北冰洋公海不存在商业渔业，但这并不符合渔业管理的预防性原则，未雨绸缪筹建相关组织并制定相关政策才是可取之道。另外，前文也述及，现有的与北极渔业相关的组织还不能完全承担北极渔业管理者的职责，导致现阶段北冰洋公海渔业缺失称职、合法并明确的管理主体。当然，北冰洋沿海国极有可能希望在区域性组织成立之前，其“联盟”内部率先就北极渔业政策达成一致，利用其地缘优势，排斥非极地国家参与北极渔业管理。

中国虽然是传统渔业大国，但在维护海洋渔业权益实践方面缺乏制定长远、全面策略的经验。随着北极逐渐成为世界的关注点，中国应该重视北极海洋权益，因为国际法赋予广大国际社会合理正当的海洋权益。加强对国际海洋法的研究，有助于中国明确极地海洋权益及义务，从而更好地运用法律保障参与极地海洋渔业管理。中国应积极开展极地渔业资源科学研究、调查勘探，因为只有认识极地才能制定出科学合理的极地政策，提升中国参与北极渔业资源养护与管理的能力。

北极地区的相关制度还未健全，我们必须关注北极国家把沿海国的管辖权延伸到公海的意识和趋势。作为负责任的渔业大国，中国尊重北冰洋沿海国在北极渔业管理中的重要地位，但也倡导在国际法框架下开展极地渔业管理国际合作，为北极渔业的可持续发展贡献力量。

8.2 北极渔业资源开发与对策

8.2.1 北极渔业资源开发存在问题及对策

随着全球变暖，北极海冰融化，开发北极渔业资源将是相关国家重点考虑的问题。对北极渔业资源的开发和利用，主要存在以下问题：①北极渔业资源和环境调查受海冰、航行成本以及经济效益等方面的限制。冰区下海洋生态系统的调查研究缺乏，难以预估渔业资源的储量，无法准确评估北极渔业资源的开发潜力。②海冰融化之后，北极周边国家对近岸油气资源的开采、新航道开通和相关陆地行为，会给北极渔业生态系统造成潜在的影响，燃油排放、航运事故、航道堵塞等都是未来面临的挑战。③利益纷争复杂，责任认定不明确。应对渔业资源衰退、合理开发和保护渔业资源的责任主体不明确。④渔业管理机制不完善，北极渔业管理未能形成统一战线。由于各国文化和捕捞能力存在差异，渔业管理组织进行管理困难重重(许立阳，2008)。

为了确保北极渔业资源的可持续开发和利用，环北极国家需要与其他相关国家共同开展以下工作：①加强对北极海冰的监测，研究分析北极冰情等气象信息，为北极渔业资源开发做好安全工作。②研发北极渔业资源开发技术，降低渔业开发成本，提高经济效益。

③建立北极危险救助机构，为渔业资源开发提供后援。④加大北极渔业资源的调查研究，对北极海洋生态系统进行研究分析，为北极渔业资源的商业开发和合理利用提供作业依据。⑤建立北极渔业统一管理机构，以全球性、区域性和小范围双边机制三种模式开展管理，合理规划各国渔业开发。⑥建立一系列北极渔业资源保护措施，设立禁渔期、捕捞配额制度等缓解过度捕捞；打击非法捕捞，加强生态环境保护和渔业资源养护。⑦建立统一健全的北极渔业贸易市场，提供北极渔业销售渠道，同时便于监督渔业资源开发利用状况。

8.2.2　应对气候变化，保护北极渔业资源对策

气候变化对北极渔业资源的影响是多方面的，主要影响因素有海水温度升高、海平面上升、海冰面积缩减和海水酸化。影响的特点主要有影响范围广、影响因子多，所以在分析气候变化对北极渔业资源的影响时，要进行多因素分析，分别针对其生活史过程、繁殖、生长与死亡、浮游生物、资源时空分布等方面进行研究探讨。为了应对气候变化，保护北极渔业资源，需要做到如下几点。

(1) 开展专项研究。加强开展海平面上升、海水温度升高和海水酸化等对北极渔业资源影响的专项研究（Ragazzola et al.，2012）。定量研究气候变化对北极渔业资源及其生物群落可能产生的影响。同时加强国际联系，做到资源与研究成果共享，对气候变化与北极渔业资源的关系加深了解。

(2) 建立北极渔业资源监测与评估数据库。在现有相关评估报告的基础上，建立北极气候变化与渔业资源监测指标，并进行监测、记录（吴雪明和张侠，2011）。通过各国统计部门、相关国际组织、研究机构等合作，逐步建立和完善北极渔业资源监测与评估数据库。

(3) 预测模型研究。目前，预测气候变化对北极渔业资源影响的方法主要有生理法、经验法和分布法。由于温度、水文等预测具有不确定性，需要各国研究者努力，先进行总体定性研究，然后将渔业资源年际变化参数与一些假设的环境驱动因素联系起来，作为气候变化对北极渔业资源影响研究的基础资料。

(4) 控制捕捞，合理作业。过度捕捞会减弱鱼群对生存环境变化的适应能力，因此要合理规划北极渔业资源的捕捞量，规范作业方式，保证北极渔业资源的可持续开发，同时减少对北极海洋环境的污染。

8.2.3　我国需要做哪些准备

从南极管理发展的过程可以发现，科学研究在其中发挥着重要的作用。虽然北极与南极存在诸多差异，但两者在这一点上存在着一定的共性。我国于 2004 年 7 月 28 日建成了中国北极黄河站，并于 2007 年和 2009 年两次以观察员身份参与北极理事会部长会议，但作为一个非北极国家，在北极国家想把北极事务保持在地区范围而非像南极那样国际化的情况下，我国参与北极事务管理面临不少阻碍。在此情况下，在北极科学考察中应增加北极生物资源调查与研究，为我国日后发展北极渔业做好准备。

北极渔业资源的开发利用对我国远洋渔业的发展具有重要影响，为了在北极海域获得我国应有的渔业资源份额，需要提前做好充足的准备，建议如下：①大力发展海洋遥感技术，实时监控北极海冰和气象等变化状况，为北极研究分析提供数据基础。②将北极实地科考常规化，实地探测北极渔业资源状况，加强对北极海域鱼类的基础生物学研究和渔场形成机制研究；同时积极发展新型深海捕捞技术，为商业化开发和利用北极渔业资源做好准备。③积极加入北极渔业管理组织，参与讨论北极渔业资源开发与保护策略，与环北极国家保持渔业资源开发合作关系。④深入调查北极渔业资源状况，提出我国参与北极渔业资源开发利用的方案。北极渔业资源的合理开发和科学管理需要我国出一份力，这不仅可以为我国带来丰富的优质动物蛋白，也可以推动北极渔业资源研究开发的进程。

参考文献

曹玉墀. 2010. 北冰洋通航可行性的初步研究[D]. 大连: 大连海事大学.

陈宝红, 周秋麟, 杨圣云. 2009. 气候变化对海洋生物多样性的影响[J]. 台湾海峡, 28(3): 437-444.

陈立奇, 赵进平, 卞林根, 等. 2003. 影响北极地区迅速变化的一些关键过程研究[J]. 极地研究, 15(4): 283-302.

陈立奇, 高众勇, 詹力扬, 等. 2013. 极区海洋对全球气候变化的快速响应和反馈作用[J]. 应用海洋学学报, 32(1): 138-144.

陈新军. 2004. 渔业资源经济学[M]. 北京: 中国农业出版社.

丁琪, 陈新军, 李纲, 等. 2013. 基于渔获统计的西北太平洋渔业资源可持续利用评价[J]. 资源科学, 35(10): 2032-2040.

方海, 张衡, 刘峰, 等. 2008. 气候变化对世界主要渔业资源波动影响的研究进展[J]. 海洋渔业, 30(4): 363-370.

方精云. 2000. 全球生态学: 气候变化与生态响应[M]. 北京: 高等教育出版社.

方良, 李纯厚, 张伟. 2009. 挪威渔业资源及其管理[J]. 中国渔业经济, 27(2): 64-68.

方舟. 2011. 奇尔科鲑鱼进化出强劲心脏, 只为应对气候变化[J]. 海洋世界(7): 66-67.

费云标, 严绍颐. 1992. 抗冻蛋白的生物化学与抗冻作用机制[J]. 生物工程进展, 12(6): 17-20, 46.

郭超颖, 王桂忠, 张芳, 等. 2011. 北冰洋微型浮游生物分布及其多样性[J]. 生态学报, 31(10): 2897-2905.

郭文路, 黄硕琳, 曹世娟. 2002. 个体可转让配额制度在渔业管理中的运用分析[J]. 海洋通报, 21(4): 72-78.

何剑锋, 王桂忠, 李少菁, 等. 2005. 北极拉普捷夫海春季冰藻和浮游植物群落结构及生物量分析[J]. 极地研究, 17(1): 1-10.

李崇银, 朱锦红, 孙照渤. 2002. 年代际气候变化研究[J]. 气候与环境研究, 7(2): 209-219.

李建平, 俞永强, 陈文. 2005. 北极涛动的物理意义及其与东亚大气环流的关系[M]//俞永强, 陈文. 海-气相互作用对我国气候变化的影响. 北京: 气象出版社.

李双林, 王彦明, 郜永祺. 2009. 北大西洋年代际振荡(AMO)气候影响的研究评述[J]. 大气科学学报, 32(3): 458-465.

李振福, 王文雅, 尤雪, 等. 2014. 北极及北极航线问题研究综述[J]. 大连海事大学学报(社会科学版), 13(4): 26-30.

林景祺. 1994. 狭鳕等三种鳕鱼生态和资源[J]. 海洋科学(2): 25-29.

吕亚楠. 2012. 北极资源开发的法律制度研究[D]. 沈阳: 辽宁大学.

缪圣赐. 2007a. 导致大西洋鳕鱼资源枯竭的罪魁祸首是地球变暖[J]. 现代渔业信息, 22(6): 35.

缪圣赐. 2007b. 据美国 NOAA 调查船调查东白令海的狭鳕主群向北移动明显[J]. 现代渔业信息, 22(11): 34-35.

缪圣赐. 2010. 美国高度关注北冰洋的渔业[J]. 现代渔业信息, 25(3): 32.

彭海涛. 2011. 全球变暖背景下近十年来北极海冰变化分析[D]. 南京: 南京大学.

曲金华, 江志红, 谭桂容, 等. 2006. 冬季北大西洋海温年际、年代际变化与中国气温的关系[J]. 地理科学, 26(5): 557-563.

任广成. 1991. 太平洋海温对冬季阿留申低压的影响[J]. 气象学报(2): 249-252.

商少凌, 张彩云, 洪华生. 2005. 气候-海洋变动的生态响应研究进展[J]. 海洋学研究, 23(3): 14-22.

苏锦祥. 2010. 鱼类学与海水鱼类养殖[M]. 北京: 中国农业出版社.

孙兰涛, 吴辉碇, 李响. 2006. 对北极极涡的认识[J]. 极地研究, 18(1): 52-62.

孙英, 凌胜银. 2012. 北极: 资源争夺与军事角逐的新战场[J]. 红旗文稿, (16): 33-36.

唐建业, 赵嵘嵘. 2010. 有关北极渔业资源养护与管理的法律问题分析[J]. 中国海洋大学学报(社会科学版), (5): 11-15.

王丹维. 2011. 北极航道法律地位研究[D]. 厦门: 厦门大学.

王东阡, 王腾飞, 任福民, 等. 2013. 2012 年全球重大天气气候事件及其成因[J]. 气象, 39(4): 516-525.

王亚民, 李薇, 陈巧缓. 2009. 全球气候变化对渔业和水生生物的影响与应对[J]. 中国水产, 397(1): 21-24.

吴琼. 2010. 北极海域的国际法律问题研究[D]. 上海: 华东政法大学.

吴雪明, 张侠. 2011. 北极跟踪监测与评估体系的设计思路和基本框架[J]. 国际观察, (4): 9-16.

武炳义, 黄荣辉, 高登义. 2000. 与北大西洋接壤的北极海冰和年际气候变化[J]. 科学通报, 45(18): 1993-1998.

肖栋, 李建平. 2007. 全球海表温度场中主要的年代际突变及其模态[J]. 大气科学, 31(5): 839-854.

徐洁, 陈新军, 杨铭霞. 2013. 基于神经网络的北太平洋柔鱼渔场预报[J]. 上海海洋大学学报, 22(3): 432-438.

徐吟梅. 2009. 挪威渔业概况[J]. 现代渔业信息, 24(5): 25-27.

许立阳. 2008. 国际海洋渔业资源法研究[M]. 青岛: 中国海洋大学出版社.

闫力. 2011. 北极航道通航环境研究[D]. 大连: 大连海事大学.

杨桂山, 朱季文. 1993. 全球海平面上升对长江口盐水入侵的影响研究[J]. 中国科学(B 辑), 23(1): 69-76.

叶晓. 2009. 国际海洋资源产权问题探讨——以北极为例[J]. 中国海洋大学学报(社会科学版), (1): 91-93.

于子江, 杨乐强, 杨东方. 2003. 海平面上升对生态环境及其服务功能的影响[J]. 城市环境与城市生态, 16(6): 101-103.

张恒德, 高守亭, 刘毅. 2008. 极涡研究进展[J]. 高原气象, 27(2): 452-461.

赵津, 杨敏. 2013. 北极东北航道沿途关键海区及冰情变化研究[J]. 中国海事, (7): 53-54.

赵蕾. 2008. 全球气候变化与海洋渔业的互动关系初探[J]. 海洋开发与管理, 25(8): 87-93.

赵隆. 2013. 从渔业问题看北极治理的困境与路径[J]. 国际问题研究, (4): 69-82.

赵小虎. 2006. El Nino/La Nina 对西北太平洋柔鱼资源及渔场的影响[D]. 上海: 上海水产大学.

周红, 张志南. 2003. 大型多元统计软件 PRIMER 的方法原理及其在底栖群落生态学中的应用[J]. 青岛海洋大学学报, 33(1): 58-64.

邹磊磊, 黄硕琳, 付玉. 2014. 南北极渔业管理机制的对比研究[J]. 水产学报, 38(9): 1611-1617.

邹磊磊, 张侠, 邓贝西. 2015. 北极公海渔业管理制度初探[J]. 中国海洋大学学报(社会科学版)(5): 7-12.

Aebischer N J, Coulson J C, Colebrookl J M. 1990. Parallel long-term trends across four marine trophic levels and weather[J]. Nature, 347: 753-755.

Alheit J, Licandro P, Coombs S, et al. 2014. Reprint of “Atlantic Multidecadal Oscillation (AMO) modulates dynamics of small pelagic fishes and ecosystem regime shifts in the eastern North and Central Atlantic” [J]. Journal of Marine Systems, 133: 88-102.

Arkhipkin A I, Bjørke H. 1999. Ontogenetic changes in morphometric and reproductive indices of the squid *Gonatus fabricii* (Oegopsida, Gonatidae) in the Norwegian Sea[J]. Polar Biology, 22(6): 357-365.

Arnason R, Hannesson R, Schrank W E. 2000. Costs of fisheries management: the cases of Iceland, Norway and Newfoundland[J]. Marine Policy, 24(3): 233-243.

Bhathal B, Pauly D. 2008. ‘Fishing down marine food webs’ and spatial expansion of coastal fisheries in India, 1950–2000[J]. Fisheries Research, 91(1): 26-34.

Bianchi G, Gislason H, Graham K, et al. 2000. Impact of fishing on size composition and diversity of demersal fish communities[J]. ICES Journal of Marine Science: Journal du Conseil, 57(3): 558-571.

Bjørke H. 2001. Predators of the squid *Gonatus fabricii* (Lichtenstein) in the Norwegian Sea[J]. Fisheries Research, 52(1-2): 113-120.

Bjørke H, Hansen K, Sundt R C. 1997. Egg masses of the squid *Gonatus fabricii* (Cephalopoda, Gonatidae) caught with pelagic trawl off northern Norway [J]. Sarsia, 82 (2): 149-152.

Blaber S J M, Cyrus D P, Albaret J-J, et al. 2000. Effects of fishing on the structure and functioning of estuarine and nearshore ecosystems [J]. ICES Journal of Marine Science: Journal du Conseil, 57 (3): 590-602.

Blindheim J. 1990. Arctic intermediate water in the Norwegian Sea [J]. Deep Sea Research Part A Oceanographic Research Papers, 37 (9): 1475-1489.

Boyle P R, Collins M A, Williamson G R. 1998. The cephalopod by-catch of deep-water trawling on the Hebrides slope [J]. Journal of the Marine Biological Association of the United Kingdom, 78 (3): 1023-1026.

Brander K. 2010. Impacts of climate change on fisheries [J]. Journal of Marine Systems, 79 (3-4): 389-402.

Caddy J F, Garibaldi L. 2000. Apparent changes in the trophic composition of world marine harvests: the perspective from the FAO capture database [J]. Ocean & Coastal Management, 43 (8-9): 615-655.

Carvalho K S, Wang S. 2020. Sea surface temperature variability in the Arctic Ocean and its marginal seas in a changing climate: Patterns and mechanisms [J]. Global and Planetary Change, 193: 103265.

Cheung W W L, Lam V W Y, Sarmiento J L, et al. 2009. Projecting global marine biodiversity impacts under climate change scenarios [J]. Fish and Fisheries, 10 (3): 235-251.

Chylek P, Folland C K, Lesins G, et al. 2009. Arctic air temperature change amplification and the Atlantic Multidecadal Oscillation [J]. Geophysical Research Letters, 36 (14): 61-65.

Clarke K R. 1993. Non - parametric multivariate analyses of changes in community structure [J]. Australian Journal of Ecology, 18 (1): 117-143.

Clarke M R. 1966. A review of the systematics and ecology of oceanic squids [J]. Advances in Marine Biology, 4: 91-300.

Costa M J, Costa J, de Almeida P R, et al. 1994. Do eel grass beds and salt marsh borders act as preferential nurseries and spawning grounds for fish? An example of the Mira estuary in Portugal [J]. Ecological Engineering, 3 (2): 187-195.

Cullen J J, Neale P J, Lesser M P. 1992. Biological weighting function for the inhibition of phytoplankton photosynthesis by ultraviolet radiation [J]. Science, 258 (5082): 646-650.

Cullen J J, Lesser M P. 1991. Inhibition of photosynthesis by ultraviolet radiation as a function of dose and dosage rate: results for a marine diatom [J]. Marine Biology, 111 (2): 183-190.

Cury P M, Shannon L J, Roux J-P, et al. 2005. Trophodynamic indicators for an ecosystem approach to fisheries [J]. ICES Journal of Marine Science, 62 (3): 430-442.

De La Fayette L A. 2008. Oceans governance in the Arctic [J]. The International Journal of Marine and Coastal Law, 23 (3): 531-566.

Edwards M, Beaugrand G, Helaouët P, et al. 2013. Marine ecosystem response to the Atlantic Multidecadal Oscillation [J]. Plos One, 8 (2): e57212.

Efthymiadis D, Hernandez F, Le Traon P-Y. 2002. Large-scale sea-level variations and associated atmospheric forcing in the subtropical north-east Atlantic Ocean [J]. Deep Sea Research Part II: Topical Studies in Oceanography, 49 (19): 3957-3981.

FAO. 1997. Review of the State of World Fishery Resources: Marine Fisheries [J]. Fao Fisheries Circular, 920: 173.

FAO. 2010. Fisheries and Aquaculture Information and Statistics Service [R]. Rome.

FAO. 2012. The state of world fisheries and aquaculture [R]. Rome.

Finley K J, Evans C R. 1983. Summer diet of the bearded seal (*Erignathus barbatus*) in the Canadian High Arctic [J]. Arctic, 36 (1): 82-89.

Finley K J, Gibb E J. 1982. Summer diet of the narwhal (*Monodon monoceros*) in Pond Inlet, northern Baffin Island[J]. Canadian Journal of Zoology, 60(12): 3353-3363.

Frank K T, Perry R I, Drinkwater K F. 1990. Predicted response of Northwest Atlantic invertebrate and fish stocks to CO_2-induced climate change[J]. Transactions of the American Fisheries Society, 119(2): 353-365.

Gardiner K, Dick T A. 2010. Arctic cephalopod distributions and their associated predators[J]. Polar Research, 29(2): 209-227.

Golikov A V, Sabirov R M, Lubin P A, et al. 2013. Changes in distribution and range structure of Arctic cephalopods due to climatic changes of the last decades[J]. Biodiversity, 14(1): 28-35.

González A F, Rasero M, Guerra A. 1994. Preliminary study of *Illex coindetii* and *Todaropsis eblanae* (Cephalopoda: Ommastrephidae) in northern Spanish Atlantic waters[J]. Fisheries Research, 21(1-2): 115-126.

Guénette S, Christensen V, Pauly D. 2001. Fisheries impacts on North Atlantic ecosystems: models and analyses[J]. Fisheries Centre Research Reports, 9(4): 111-127.

Hamed K H. 2008. Trend detection in hydrologic data: The Mann-Kendall trend test under the scaling hypothesis[J]. Journal of Hydrology, 349(3-4): 350-363.

Hasle G R, Heimdal B R. 1998. The net phytoplankton in Kongsfjorden, Svalbard, July 1988, with general remarks on species composition of arctic phytoplankton[J]. Polar Research, 17(1): 31-52.

Hastie L C, Joy J B, Pierce G J, et al. 1994. Reproductive biology of *Todaropsis eblanae* (Cephalopoda: Ommastrephidae) in Scottish waters[J]. Journal of the Marine Biological Association of the United Kingdom, 74(2): 367-382.

Hollowed A B, Hare S R, Wooster W S. 2001. Pacific Basin climate variability and patterns of Northeast Pacific marine fish production[J]. Progress in Oceanography, 49(1-4): 257-282.

Horner R, Ackley S F, Dieckmann G S, et al. 1992. Ecology of sea ice biota[J]. Polar Biology, 12(3-4): 417-427.

Johannessen O M, Shalina E V, Miles M W. 1999. Satellite evidence for an Arctic sea ice cover in transformation[J]. Science, 286(5446): 1937-1939.

Johnson D, Campbell C D, Lee J A, et al. 2002. Arctic microorganisms respond more to elevated UV-B radiation than CO_2[J]. Nature, 416(6876): 82-83.

Jonsson B, Jonsson N. 2001. Polymorphism and speciation in *Arctic charr*[J]. Journal of Fish Biology, 58(3): 605-638.

Karentz D, Lutze L H. 1990. Evaluation of biologically harmful ultraviolet radiation in Antarctica with a biological dosimeter designed for aquatic environments[J]. Limnology and Oceanography, 35(3): 549-561.

Kerr R A. 1998. Ozone loss, greenhouse gases linked[J]. Science, 280(5361): 202.

Kinnard C, Zdanowicz C M, Fisher D A, et al. 2011. Reconstructed changes in Arctic sea ice over the past 1, 450 years[J]. Nature, 479(7374): 509-512.

Klyashtorin L B. 1998. Long-term climate change and main commercial fish production in the Atlantic and Pacific[J]. Fisheries Research, 37(1-3): 115-125.

Krafft M. 2009. The Northwest Passage: Analysis of the legal status and implications of its potential use[J]. Journal Maritime Law & Commerce, 40(4): 537-578.

Kristensen T K. 1983. *Gonatus fabricii*[M]//Boyle P R. Cephalopod life cycles. London: Academic Press.

Kwok R. 2009. Outflow of Arctic Ocean sea ice into the Greenland and Barents Seas: 1979—2007[J]. Journal of Climate, 22(9): 2438-2457.

Lee R F. 1975. Lipids of Arctic zooplankton[J]. Comparative Biochemistry and Physiology Part B: Comparative Biochemistry, 51(3):

263-266.

Lorenz E N. 1951. Seasonal and Irregular Variations of the Northern Hemisphere Sea-Level Pressure Profile[J]. Journal of the Atmospheric Sciences, 8(1): 52-59.

Mann K H, Drinkwater K F. 1994. Environmental influences on fish and shellfish production in the Northwest Atlantic[J]. Environmental Reviews, 2(1): 16-32.

Muus B J. 2002. The Bathypolypus-Benthoctopus problem of the North Atlantic (Octopodidae, Cephalopoda) [J]. Malacologia, 44(2): 175-222.

Nesis K N. 2001. West-Arctic and east-Arctic distributional ranges of cephalopods[J]. Sarsia, 86(1): 1-11.

Niessen F, Matthiessen J, Stein R. 2010. Sedimentary environment and glacial history of the Northwest Passage (Canadian Arctic Archipelago) reconstructed from high-resolution acoustic data[J]. Polarforschung, 79(2): 65-80.

O' Brien C M, Fox C J, Planque B, et al. 2000. Climate variability and North Sea cod[J]. Nature, 404(6774): 142.

Osuga D T, Feeney R E. 1978. Antifreeze glycoproteins from Arctic fish[J]. J Biol Chem, 253(15): 5338-5343.

Ottersen G, Stenseth N C. 2001. Atlantic climate governs oceanographic and ecological variability in the Barents Sea[J]. Limnology and Oceanography, 46(7): 1774-1780.

Pauly D, Christensen V, Dalsgaard J, et al. 1998. Fishing down marine food webs[J]. Science, 279(5352): 860-863.

Pauly D, Christensen V, Walters C. 2000. Ecopath, Ecosim, and Ecospace as tools for evaluating ecosystem impact of fisheries[J]. ICES Journal of Marine Science, 57(3): 697-706.

Pauly D, Christensen V, Guénette S, et al. 2002. Towards sustainability in world fisheries[J]. Nature, 418(6898): 689-695.

Peters R L, Darling J D S. 1985. The greenhouse effect and nature reserves: Global warming would diminish biological diversity by causing extinctions among reserve species[J]. Bioscience, 35(11): 707-717.

Polyakov I V, Beszczynska A, Carmack E C, et al. 2005. One more step toward a warmer Arctic[J]. Geophysical Research Letters, 32(17): L17605, doi: 10.1029/2005GL023740.

Post E, Forchhammer M C, Bret-Harte M S, et al. 2009. Ecological dynamics across the Arctic associated with recent climate change[J]. Science, 325(5946): 1355-1358.

Power G. 1978. Fish population structure in Arctic lakes[J]. Journal of the Fisheries Board of Canada, 35(1): 53-59.

Proffitt M H, Margitan J J, Kelly K K, et al. 1990. Ozone loss in the Arctic polar vortex inferred from high-altitude aircraft measurements[J]. Nature, 347(6288): 31-36.

Ragazzola F, Foster L C, Form A, et al. 2012. Ocean acidification weakens the structural integrity of coralline algae[J]. Global Change Biology, 18(9): 2804-2812.

Randall C E, Harvey V L, Singleton C S, et al. 2006. Enhanced NO_x in 2006 linked to strong upper stratospheric Arctic vortex[J]. Geophysical research letters, 33(18): L18811, doi: 10. 1029/2006GL027160.

Raskoff K A, Hopcroft R R, Kosobokova K N, et al. 2010. Jellies under ice: ROV observations from the Arctic 2005 hidden ocean expedition[J]. Deep Sea Research Part II: Topical Studies in Oceanography, 57(1-2): 111-126.

Reeves R, Rosa C, George J C, et al. 2012. Implications of Arctic industrial growth and strategies to mitigate future vessel and fishing gear impacts on bowhead whales[J]. Marine policy, 36(2): 454-462.

Reid P C, Edwards M, Hunt H G, et al. 1998. Phytoplankton change in the North Atlantic[J]. Nature, 391(6667): 546.

Reist J D, Wrona F J, Prowse T D, et al. 2006a. An overview of effects of climate change on selected Arctic freshwater and anadromous fishes[J]. Ambio: A Journal of the Human Environment, 35(7): 381-387.

Reist J D, Wrona F J, Prowse T D, et al. 2006b. General effects of climate change on Arctic fishes and fish populations[J]. Ambio: A Journal of the Human Environment, 35(7): 370-380.

Richey J N, Poore R Z, Flower B P, et al. 2009. Regionally coherent Little Ice Age cooling in the Atlantic Warm Pool[J]. Geophysical Research Letters, 36(21): 272-277.

Roach A, Aagaard K, Pease C, et al. 1995. Direct measurements of transport and water properties through the Bering Strait[J]. Journal of Geophysical Research: Oceans, 100(C9): 18443-18457.

Robin J P, Denis V, Royer J, et al. 2002. Recruitment, growth and reproduction in *Todaropsis eblanae*(Ball, 1841), in the area fished by French Atlantic trawlers[J]. Bulletin of marine science, 71(2): 711-724.

Rogers J C, Coleman J S M. 2003. Interaction Between the Atlantic Multidecadal Oscillation, El Niño/La Niña, and the PNA in Winter Mississippi Valley Stream Flow[J]. Geophysical Research Letters, 30(10): 405-414.

Rothrock D A, Yu Y, Maykut G A. 1999. Thinning of the Arctic sea-ice cover[J]. Geophysical Research Letters, 26(23): 3469-3472.

Rudels B, Friedrich H J, Quadfasel D. 1999. The Arctic circumpolar boundary current[J]. Deep Sea Research Part II: Topical Studies in Oceanography, 46(6-7): 1023-1062.

Sala E, Aburto-Oropeza O, Reza M, et al. 2004. Fishing down coastal food webs in the Gulf of California[J]. Fisheries, 29(3): 19-25.

Salawitch R J. 1998. A greenhouse warming connection[J]. Nature, 392(6676): 551-552.

Santos M B, Clarke M R, Pierce G J. 2001. Assessing the importance of cephalopods in the diets of marine mammals and other top predators: problems and solutions[J]. Fisheries Research, 52(1-2): 121-139.

Shakhova N, Semiletov I, Leifer I, et al. 2013. Ebullition and storm-induced methane release from the East Siberian Arctic Shelf[J]. Nature Geoscience, 7: 64-70.

Shi D, Xu Y, Hopkinson B M, et al. 2010. Effect of ocean acidification on iron availability to marine phytoplankton[J]. Science, 327(5966): 676-679.

Sinclair M, Arnason R, Csirke J, et al. 2002. Responsible fisheries in the marine ecosystem[J]. Fisheries Research, 58(3): 255-265.

Stergiou K I. 2002. Overfishing, tropicalization of fish stocks, uncertainty and ecosystem management: resharpening Ockham’s razor[J]. Fisheries Research, 55(1-3): 1-9.

Sugimoto T, Kimura S, Tadokoro K. 2001. Impact of El Niño events and climate regime shift on living resources in the western North Pacific[J]. Progress in Oceanography, 49(1-4): 113-127.

Sunda W, Huntsman S. 2003. Effect of pH, light, and temperature on Fe–EDTA chelation and Fe hydrolysis in seawater[J]. Marine Chemistry, 84(1-2): 35-47.

Swain D P, Chouinard G A. 2008. Predicted extirpation of the dominant demersal fish in a large marine ecosystem: Atlantic cod(*Gadus morhua*) in the southern Gulf of St. Lawrence[J]. Canadian Journal of Fisheries and Aquatic Sciences, 65(11): 2315-2319.

Sydnes A K. 2001. Regional fishery organizations: how and why organizational diversity matters[J]. Ocean Development &International Law, 32(4): 349-372.

Thompson D W J, Wallace J M. 1998. The Arctic Oscillation Signature in the Wintertime Geopotential Height and Temperature Fields[J]. Geophysical Research Letters, 25(9): 1297-1300.

Vecchione M, Roper C F E, Sweeney M J. 1989. Marine flora and fauna of the eastern United States Mollusca: Cephalopoda[J]. NOAA Technical Report NMFS, 73: 1-22.

Voss G L. 1988. The biogeography of the deep-sea Octopoda[J]. Malacologia, 29(1): 295-307.

Voss G L, Pearcy W G. 1990. Deep-water octopods (Mollusca: Cephalopoda) of the northeastern Pacific[J]. Proceedings of the California Academy of Sciences, 47(3): 47-94.

Walsh J E. 2008. Climate of the Arctic marine environment[J]. Ecological Applications, 18(sp2): S3-S22.

Walther G-R, Post E, Convey P, et al. 2002. Ecological responses to recent climate change[J]. Nature, 416(6879): 389-395.

Watanabe Y W, Takahashi Y, Kitao T, et al. 1996. Total amount of oceanic excess CO_2 taken from the North Pacific subpolar region[J]. Journal of Oceanography, 52(3): 301-312.

Wrona F J, Prowse T D, Reist J D, et al. 2006. Climate impacts on Arctic freshwater ecosystems and fisheries: background, rationale and approach of the Arctic Climate Impact Assessment (ACIA) [J]. Ambio: A Journal of the Human Environment, 35(7): 326-329.

Wu H Y, Zou D H, Gao K S. 2008. Impacts of increased atmospheric CO_2 concentration on photosynthesis and growth of micro-and macro-algae[J]. Science in China Series C: Life Sciences, 51(12): 1144-1150.

Wyllie-Echeverria T, Wooster W S. 1998. Year-to-year variations in Bering Sea ice cover and some consequences for fish distributions[J]. Fisheries Oceanography, 7(2): 159-170.

Yemane D, Field J G, Leslie R W. 2005. Exploring the effects of fishing on fish assemblages using Abundance Biomass Comparison (ABC) curves[J]. ICES Journal of Marine Science, 62(3): 374-379.

Zeller D, Booth S, Pakhomov E, et al. 2011. Arctic fisheries catches in Russia, USA, and Canada: baselines for neglected ecosystems[J]. Polar Biology, 34(7): 955-973.

附录　用于数据分析的东北大西洋渔获种类

栖息类别	种类	拉丁文	营养级	摄食类型
TZ	黍鲱	*Sprattus sprattus*	3.0	TrC1
TZ	鲻科	Mugilidae	2.4	TrC1
WZ	牛眼鲷	*Boops boops*	2.8	TrC1
WP	叉牙鲷	*Sarpa salpa*	2.0	TrC1
WB	粗唇龟鲻	*Chelon labrosus*	2.9	TrC1
WP	异齿鹦鲷	*Sparisoma cretense*	2.8	TrC1
WP	小沙丁鱼属	*Sardinella*	3.0	TrC1
TS	穆氏暗光鱼	*Maurolicus muelleri*	3.0	TrC1
D	西鲱	*Alosa alosa*	2.1	TrC1
D	美洲胡瓜鱼	*Osmerus mordax*	2.1	TrC1
M	冰岛扇贝	*Chlamys islandica*	2.1	TrC1
M	软体动物门	Mollusca	2.1	TrC1
M	欧洲大扇贝	*Pecten maximus*	2.1	TrC1
M	北蛾螺	*Buccinum undatum*	2.1	TrC1
M	紫壳菜蛤	*Mytilus edulis*	2.1	TrC1
M	双壳纲	Bivalvia	2.1	TrC1
M	欧洲牡蛎	*Ostrea edulis*	2.1	TrC1
M	沟纹蛤仔	*Ruditapes decussatus*	2.1	TrC1
M	女王扇贝	*Aequipecten opercularis*	2.1	TrC1
M	欧洲鲍螺	*Haliotis tuberculata*	2.1	TrC1
M	欧洲鸟尾蛤	*Cerastoderma edule*	2.1	TrC1
M	滨螺属	*Littorina*	2.1	TrC1
M	海扇蛤科	Pectinidae	2.1	TrC1
M	坚固马珂蛤	*Spisula solida*	2.1	TrC1
M	蛤仔属	*Ruditapes*	2.1	TrC1
M	欧洲蚶蜊	*Glycymeris glycymeris*	2.6	TrC1
M	斧蛤属	*Donax*	2.7	TrC1
M	腹足纲	Gastropoda	2.6	TrC1
M	菲律宾蛤仔	*Ruditapes philippinarum*	2.3	TrC1
M	硬壳蛤	*Mercenaria mercenaria*	2.6	TrC1
M	长牡蛎	*Crassostrea gigas*	2.6	TrC1
M	贻贝科	Mytilidae	2.6	TrC1

续表

栖息类别	种类	拉丁文	营养级	摄食类型
M	鸡帘蛤	*Chamelea gallina*	2.2	TrC1
M	帘蛤科	Veneridae	2.2	TrC1
M	巨牡蛎属	*Crassostrea*	2.6	TrC1
M	北极蛤	*Arctica islandica*	2.3	TrC1
M	鲍属	*Haliotis*	2.3	TrC1
M	厚壳玉黍螺	*Littorina littorea*	2.6	TrC1
M	竹蛏属	*Solen*	3.4	TrC1
M	偏顶蛤属	*Modiolus*	3.4	TrC1
M	骨螺属	*Murex*	3.2	TrC1
M	砂海螂	*Mya arenaria*	3.5	TrC1
CC	北方长额虾	*Pandalus borealis*	3.2	TrC1
CC	普通黄道蟹	*Cancer pagurus*	3.3	TrC1
CC	欧洲螯龙虾	*Homarus gammarus*	3.1	TrC1
CC	甲壳动物亚门	Crustacea	3.5	TrC1
CC	挪威海螯虾	*Nephrops norvegicus*	3.2	TrC1
CC	锯齿长臂虾	*Palaemon serratus*	3.4	TrC1
CC	短尾下目	Brachyura	3.5	TrC1
CC	欧洲蜘蛛蟹	*Maja squinado*	3.4	TrC1
CC	棘刺龙虾	*Palinurus elephas*	3.4	TrC1
CC	铠甲虾科	Galatheidae	3.0	TrC1
CC	茗荷属	*Lepas*	3.4	TrC1
CC	爬行亚目	Reptantia	3.2	TrC1
CC	游泳亚目	Natantia	3.3	TrC1
CC	欧非真龙虾	*Palinurus mauritanicus*	3.4	TrC1
CC	梭子蟹属	*Portunus*	3.4	TrC1
CC	天鹅绒蟹	*Necora puber*	3.4	TrC1
CC	深海红蟹	*Chaceon affinis*	3.5	TrC1
CC	长臂虾科	Palaemonidae	3.5	TrC1
CC	中华绒螯蟹	*Eriocheir sinensis*	3.2	TrC1
CC	对虾属	*Penaeus*	3.3	TrC1
CC	堪察加拟石蟹	*Paralithodes camtschaticus*	3.2	TrC1
CC	鹅颈藤壶	*Pollicipes pollicipes*	3.4	TrC1
CC	红虾	*Aristeus antennatus*	3.2	TrC1
CC	欧洲对虾	*Penaeus kerathurus*	3.5	TrC1
CC	长带近对虾	*Plesiopenaeus edwardsianus*	3.4	TrC1
CC	螳虾蛄	*Squilla mantis*	3.4	TrC1
CC	长额虾属	*Pandalus*	3.5	TrC1
TZ	大西洋鲱	*Clupea harengus*	3.1	TrC2
TB	欧洲鲽	*Pleuronectes platessa*	3.2	TrC2

续表

栖息类别	种类	拉丁文	营养级	摄食类型
CS	极地鳕	*Boreogadus saida*	3.2	TrC2
CB	圆吻突吻鳕	*Coryphaenoides rupestris*	3.5	TrC2
TB	鲷科	Sparidae	3.4	TrC2
TZ	鲱亚目	Clupeoidei	3.5	TrC2
TB	欧洲黄盖鲽	*Limanda limanda*	3.1	TrC2
WB	鳎	*Solea solea*	3.5	TrC2
TZ	欧洲川鲽	*Platichthys flesus*	3.3	TrC2
WS	舌齿鲈	*Dicentrarchus labrax*	3.1	TrC2
TB	小头油鲽	*Microstomus kitt*	3.3	TrC2
WB	纵带羊鱼	*Mullus surmuletus*	3.5	TrC2
TB	美首鲽	*Glyptocephalus cynoglossus*	3.5	TrC2
WZ	沙丁鱼	*Sardina pilchardus*	3.5	TrC2
TB	贝氏隆头鱼	*Labrus bergylta*	3.1	TrC2
WB	大鼻鳎	*Pegusa lascaris*	3.5	TrC2
TB	玉筋鱼属	*Ammodytes*	3.5	TrC2
TZ	绵鳚	*Zoarces viviparus*	3.5	TrC2
WZ	欧洲鳀	*Engraulis encrasicolus*	3.1	TrC2
TB	虾虎鱼科	Gobiidae	3.4	TrC2
TZ	挪威长臀鳕	*Trisopterus esmarkii*	3.3	TrC2
WZ	黑椎鲷	*Spondyliosoma cantharus*	3.1	TrC2
WB	斜纹短须石首鱼	*Umbrina canariensis*	3.3	TrC2
WB	天竺鲷科	Apogonidae	3.2	TrC2
WB	绯小鲷	*Pagellus erythrinus*	3.4	TrC2
CB	三须鳕属	*Gaidropsarus*	3.2	TrC2
WZ	黑尾斑鲷	*Oblada melanura*	3.5	TrC2
WB	细条石颌鲷	*Lithognathus mormyrus*	3.2	TrC2
TS	重牙鲷属	*Diplodus*	3.2	TrC2
WB	塞内加尔鳎	*Solea senegalensis*	3.2	TrC2
WB	鳎科	Soleidae	3.1	TrC2
WB	短臂鳎属	*Microchirus*	3.5	TrC2
WB	圆尾双色鳎	*Dicologlossa cuneata*	3.2	TrC2
WB	沙重牙鲷	*Diplodus sargus*	3.0	TrC2
WB	隆头鱼科	Labridae	2.4	TrC2
TB	羊鱼属	*Mullus*	2.8	TrC2
CB	大西洋奈氏鳕	*Nezumia aequalis*	2.0	TrC2
TZ	小眼长臀虾虎鱼	*Pomatoschistus microps*	2.9	TrC2
CZ	杜父鱼科	Cottidae	2.8	TrC2
TB	娇扁隆头鱼	*Symphodus melops*	3.0	TrC2
TS	鲽科	Pleuronectidae	3.0	TrC2

续表

栖息类别	种类	拉丁文	营养级	摄食类型
TZ	小口棘隆头鱼	*Centrolabrus exoletus*	2.1	TrC2
TB	四须岩鳕	*Enchelyopus cimbrius*	2.1	TrC2
WB	项带重牙鲷	*Diplodus vulgaris*	2.1	TrC2
WS	大眼牙鲷	*Dentex macrophthalmus*	2.1	TrC2
TB	杂斑盔鱼	*Coris julis*	2.1	TrC2
WB	地中海胡椒鲷	*Plectorhinchus mediterraneus*	2.1	TrC2
WB	尖吻重牙鲷	*Diplodus puntazzo*	2.1	TrC2
WB	鳞鲀科	Balistidae	2.1	TrC2
TS	太平洋鲱	*Clupea pallasii*	2.1	TrC2
TS	九带鮨	*Serranus cabrilla*	2.1	TrC2
CZ	毛鳞鱼	*Mallotus villosus*	2.1	TrC2
TB	狼鱼属	*Anarhichas*	2.1	TrC2
TS	鲭亚目	Scombroidei	2.1	TrC2
WB	水珍鱼属	*Argentina*	2.1	TrC2
TB	圆盘鳐	*Raja circularis*	2.1	TrC2
WB	波鳐	*Raja undulata*	2.1	TrC2
WB	灰鳐	*Dipturus batis*	2.1	TrC2
WB	方鲷	*Capros aper*	2.6	TrC2
TB	大西洋银鲛	*Chimaera monstrosa*	2.7	TrC2
TZ	灯笼鱼科	Myctophidae	2.6	TrC2
TZ	姥鲨	*Cetorhinus maximus*	2.3	TrC2
TB	黑腹无鳔鲉	*Helicolenus dactylopterus*	2.6	TrC2
WS	白腹鲭	*Scomber japonicus*	2.6	TrC2
CB	尖吻鳐	*Dipturus oxyrinchus*	2.6	TrC2
WB	星斑鳐	*Raja asterias*	2.6	TrC2
CB	白点鳐	*Leucoraja fullonica*	2.2	TrC2
TZ	银汉鱼科	Atherinidae	2.2	TrC2
WB	纵带直棱魴鮄	*Chelidonichthys lastoviza*	2.6	TrC2
CS	大西洋水珍鱼	*Argentina silus*	2.3	TrC2
CB	叶鳐	*Rajella fyllae*	2.3	TrC2
TB	尖背角鲨	*Oxynotus centrina*	2.6	TrC2
WS	蓝竹荚鱼	*Trachurus picturatus*	3.4	TrC2
WS	卵形高体鲳	*Schedophilus ovalis*	3.4	TrC2
WB	鹬嘴鱼	*Macroramphosus scolopax*	3.2	TrC2
WB	红棘胸鲷	*Hoplostethus mediterraneus*	3.5	TrC2
WB	大眼赤刀鱼	*Cepola macrophthalma*	3.5	TrC2
CS	狼绵鳚属	*Lycodes*	3.2	TrC2
TB	挪威鳐	*Dipturus nidarosiensis*	3.3	TrC2
D	胡瓜鱼	*Osmerus eperlanus*	3.1	TrC2

续表

栖息类别	种类	拉丁文	营养级	摄食类型
D	真白鲑	*Coregonus lavaretus*	3.5	TrC2
D	褐鳟	*Salmo trutta*	3.2	TrC2
D	三刺鱼	*Gasterosteus aculeatus*	3.4	TrC2
D	欧白鲑	*Coregonus albula*	3.5	TrC2
D	鲟科	Acipenseridae	3.4	TrC2
D	白鲑属	*Coregonus*	3.4	TrC2
D	鲱亚目	Clupeoidei	3.0	TrC2
D	灰西鲱	*Alosa pseudoharengus*	3.3	TrC2
M	枪乌贼科，柔鱼科	Loliginidae，Ommastrephidae	3.4	TrC2
M	枪乌贼属	*Loligo*	3.2	TrC2
M	章鱼科(蛸科)	Octopodidae	3.3	TrC2
M	乌贼科，耳乌贼科	Sepiidae，Sepiolidae	3.4	TrC2
M	头足纲	Cephalopoda	3.4	TrC2
M	文蛤	*Callista chione*	3.4	TrC2
M	尖盘爱尔斗蛸	*Eledone cirrhosa*	3.5	TrC2
M	福氏枪乌贼	*Loligo forbesi*	3.5	TrC2
CC	褐虾	*Crangon crangon*	3.2	TrC2
CC	真龙虾属	*Palinurus*	3.3	TrC2
CC	长额拟对虾	*Parapenaeus longirostris*	3.2	TrC2
CC	普通滨蟹	*Carcinus maenas*	3.4	TrC2
TB	美洲拟鲽鲽	*Hippoglossoides platessoides*	3.4	TrC3
CS	大西洋鳕	*Gadus morhua*	3.4	TrC3
CB	大西洋鲽鲽	*Hippoglossus hippoglossus*	3.5	TrC3
TB	蓝魣鳕	*Molva dypterygia*	3.5	TrC3
TS	蓝鳕	*Micromesistius poutassou*	3.5	TrC3
CS	格陵兰鳕	*Gadus macrocephalus*	3.1	TrC3
CS	格陵兰大比目鱼	*Reinhardtius hippoglossoides*	3.2	TrC3
TB	黑线鳕	*Melanogrammus aeglefinus*	3.2	TrC3
TS	魣鳕	*Molva molva*	3.5	TrC3
TS	绿青鳕	*Pollachius virens*	3.4	TrC3
TB	单鳍鳕	*Brosme brosme*	3.5	TrC3
TS	欧洲无须鳕	*Merluccius merluccius*	3.1	TrC3
TB	鲽形目	Pleuronectiformes	3.5	TrC3
CS	鳕形目	Gadiformes	3.3	TrC3
TB	鮨科	Serranidae	3.1	TrC3
TB	菱鲆	*Scophthalmus rhombus*	3.3	TrC3
CB	帆鳞鲆	*Lepidorhombus whiffiagonis*	3.5	TrC3
TS	青鳕	*Pollachius pollachius*	3.5	TrC3
TB	条长臀鳕	*Trisopterus luscus*	3.5	TrC3

续表

栖息类别	种类	拉丁文	营养级	摄食类型
TB	黑海菱鲆	*Scophthalmus maxima*	3.1	TrC3
TS	牙鳕	*Merlangius merlangus*	3.5	TrC3
TZ	黑斑小鲷	*Pagellus bogaraveo*	3.5	TrC3
WS	大西洋白姑鱼	*Argyrosomus regius*	3.5	TrC3
WB	金头鲷	*Sparus aurata*	3.1	TrC3
TS	大龙螣	*Trachinus draco*	3.4	TrC3
TZ	北大西洋长尾鳕	*Macrourus berglax*	3.3	TrC3
TS	白长鳍鳕	*Urophycis tenuis*	3.1	TrC3
TS	鳚状褐鳕	*Phycis blennoides*	3.7	TrC3
TB	稚鳕科	Moridae	3.5	TrC3
WB	腋斑小鲷	*Pagellus acarne*	3.8	TrC3
TS	深海鳕	*Mora moro*	3.8	TrC3
WS	乌鳍石斑鱼	*Epinephelus marginatus*	4.3	TrC3
WS	褐鳕	*Phycis phycis*	4.1	TrC3
WB	灰鳞鲀	*Balistes capriscus*	3.6	TrC3
WS	海鳝科	Muraenidae	3.7	TrC3
WZ	棒鲈属	*Spicara*	3.9	TrC3
TZ	细长臀鳕	*Trisopterus minutus*	3.9	TrC3
WS	赤鲷	*Pagrus pagrus*	3.6	TrC3
WS	斑点舌齿鲈	*Dicentrarchus punctatus*	3.5	TrC3
WB	鲆科	Bothidae	4.4	TrC3
TB	鳞鲆属	*Lepidorhombus*	3.9	TrC3
WB	石鲈科	Haemulidae	3.6	TrC3
CB	魣鳕属	*Molva*	3.6	TrC3
CS	短角床杜父鱼	*Myoxocephalus scorpius*	4.3	TrC3
TB	牙鲷属	*Dentex*	3.6	TrC3
TS	粗吻颞孔鳕	*Trachyrincus scabrus*	3.9	TrC3
TB	岩梳隆头鱼	*Ctenolabrus rupestris*	4.0	TrC3
TB	银大眼鳕	*Gadiculus argenteus*	4.2	TrC3
WB	尾斑重牙鲷	*Diplodus annularis*	4.5	TrC3
TB	黑尾鮨	*Serranus atricauda*	4.5	TrC3
WS	细点牙鲷	*Dentex dentex*	4.4	TrC3
TS	石首鱼科	Sciaenidae	4.3	TrC3
TS	褐鳕属	*Phycis*	4.2	TrC3
TB	鲍氏鳞鲆	*Lepidorhombus boscii*	3.9	TrC3
WB	石斑鱼属	*Epinephelus*	3.7	TrC3
TZ	无须鳕属	*Merluccius*	4.5	TrC3
TB	真鲷属	*Pagrus*	4.4	TrC3
TS	舌齿鲈属	*Dicentrarchus*	4.5	TrC3

续表

栖息类别	种类	拉丁文	营养级	摄食类型
WB	蟾鱼科	Batrachoididae	3.8	TrC3
WS	青铜石斑鱼	*Epinephelus aeneus*	4.2	TrC3
CB	宽突鳕	*Eleginus nawaga*	4.2	TrC3
WS	长吻帆蜥鱼	*Alepisaurus ferox*	4.3	TrC3
WB	大眼魣鳕	*Molva macrophthalma*	3.9	TrC3
WS	长鳍金枪鱼	*Thunnus alalunga*	4.9	TrC3
WS	北方蓝鳍金枪鱼	*Thunnus thynnus*	4.4	TrC3
WS	大眼金枪鱼	*Thunnus obesus*	4.5	TrC3
WS	鲣	*Katsuwonus pelamis*	4.1	TrC3
TS	剑鱼	*Xiphias gladius*	3.7	TrC3
CS	钓鮟鱇	*Lophius piscatorius*	4.5	TrC3
TZ	大西洋鲭	*Scomber scombrus*	4.5	TrC3
TS	平鲉属	*Sebastes*	4.3	TrC3
TB	大西洋狼鱼	*Anarhichas lupus*	4.5	TrC3
CS	尖吻平鲉	*Sebastes mentella*	4.2	TrC3
TS	角鲨科	Squalidae	4.3	TrC3
TS	金平鲉	*Sebastes norvegicus*	4.4	TrC3
CS	格陵兰睡鲨	*Somniosus microcephalus*	4.3	TrC3
CB	圆鳍鱼	*Cyclopterus lumpus*	4.5	TrC3
CS	鳐属	*Raja*	3.9	TrC3
WS	大西洋旗鱼	*Istiophorus albicans*	3.9	TrC3
WS	大青鲨	*Prionace glauca*	4.4	TrC3
WS	黄鳍金枪鱼	*Thunnus albacares*	3.6	TrC3
WS	白色四鳍旗鱼	*Kajikia albida*	4.1	TrC3
WS	大西洋蓝枪鱼	*Makaira nigricans*	4.4	TrC3
TB	鲂鮄科	Triglidae	4.5	TrC3
WS	旗鱼科	Istiophoridae	3.6	TrC3
WS	竹荚鱼	*Trachurus trachurus*	4.2	TrC3
TB	短尾鳐	*Raja brachyura*	4.0	TrC3
WB	杂斑鳐	*Leucoraja naevus*	3.8	TrC3
TS	猫鲨科	Scyliorhinidae	4.0	TrC3
TB	欧洲康吉鳗	*Conger conger*	4.4	TrC3
TB	真鲂鮄	*Eutrigla gurnardus*	3.8	TrC3
TS	黄鮟鱇属	*Lophius*	3.8	TrC3
TS	白斑角鲨	*Squalus acanthias*	4.5	TrC3
TB	红体绿鳍鱼	*Chelidonichthys cuculus*	3.8	TrC3
TB	小睛斑鳐	*Raja microocellata*	3.8	TrC3
TB	蒙鳐	*Raja montagui*	4.2	TrC3
TB	辐鳐	*Amblyraja radiata*	3.6	TrC3

续表

栖息类别	种类	拉丁文	营养级	摄食类型
WB	背棘鳐	*Raja clavata*	4.5	TrC3
WB	细鳞绿鳍鱼	*Chelidonichthys lucerna*	4.3	TrC3
TZ	颌针鱼	*Belone belone*	4.2	TrC3
TZ	远东海鲂	*Zeus faber*	4.4	TrC3
TS	鼠鲨	*Lamna nasus*	3.6	TrC3
WB	小点猫鲨	*Scyliorhinus canicula*	3.7	TrC3
TB	美洲多锯鲈	*Polyprion americanus*	3.7	TrC3
WZ	乌鲂	*Brama brama*	4.0	TrC3
WB	翅鲨	*Galeorhinus galeus*	3.6	TrC3
TB	扁鲨	*Squatina squatina*	4.0	TrC3
TB	贝氏平头鱼	*Alepocephalus bairdii*	3.8	TrC3
TS	黑霞鲨	*Centroscyllium fabricii*	4.5	TrC3
TS	黑等鳍叉尾带鱼	*Aphanopus carbo*	4.1	TrC3
TS	长吻荆鲨	*Centroscymnus crepidater*	4.1	TrC3
TS	腔鳞荆鲨	*Centroscymnus coelolepis*	4.1	TrC3
WZ	金眼鲷属	*Beryx*	3.9	TrC3
TZ	少耙后竺鲷	*Epigonus telescopus*	4.5	TrC3
CS	北极粗鳍鱼	*Trachipterus arcticus*	4.5	TrC3
TS	叶鳞刺鲨	*Centrophorus squamosus*	4.4	TrC3
CS	月鱼	*Lampris guttatus*	4.5	TrC3
CS	大西洋胸棘鲷	*Hoplostethus atlanticus*	4.4	TrC3
CB	极北鳐	*Amblyraja hyperborea*	3.7	TrC3
WS	深水田氏鲨	*Deania profundorum*	4.3	TrC3
WS	狐鲣	*Sarda sarda*	3.6	TrC3
TP	梭鱼属	*Sphyraena*	4.2	TrC3
TS	喙吻田氏鲨	*Deania calceus*	4.4	TrC3
CB	黑口锯尾鲨	*Galeus melastomus*	4.1	TrC3
WS	灰六鳃鲨	*Hexanchus griseus*	4.5	TrC3
WZ	鲹科	Carangidae	4.3	TrC3
TS	猫鲨科	Scyliorhinidae	3.7	TrC3
TS	猫鲨属	*Scyliorhinus*	4.5	TrC3
WZ	鲯鳅	*Coryphaena hippurus*	3.7	TrC3
WB	鲼	*Myliobatis aquila*	4.9	TrC3
WB	蓝纹魟	*Dasyatis pastinaca*	4.5	TrC3
WZ	扁舵鲣，圆舵鲣	*Auxis thazard*，*Auxis rochei*	4.4	TrC3
WS	高体鰤	*Seriola dumerili*	4.4	TrC3
WS	大西洋刺鲨	*Centrophorus granulosus*	3.5	TrC3
TS	竹荚鱼属	*Trachurus*	4.2	TrC3
TS	铠鲨	*Dalatias licha*	4.5	TrC3

续表

栖息类别	种类	拉丁文	营养级	摄食类型
TS	尖齿异鳞鲨	*Scymnodon ringens*	4.5	TrC3
WZ	波线鲹	*Lichia amia*	3.7	TrC3
TB	小鳍睡鲨	*Somniosus rostratus*	4.2	TrC3
WS	小鲔	*Euthynnus alletteratus*	4.5	TrC3
TZ	鲭科	Scombridae	3.6	TrC3
WS	地中海竹荚鱼	*Trachurus mediterraneus*	4.4	TrC3
CB	冰岛锯尾鲨	*Galeus murinus*	3.7	TrC3
WB	斑点猫鲨	*Scyliorhinus stellaris*	3.6	TrC3
WS	翻车鲀	*Mola mola*	4.1	TrC3
WS	棘鳞蛇鲭	*Ruvettus pretiosus*	4.4	TrC3
WB	紫魟	*Pteroplatytrygon violacea*	3.6	TrC3
TZ	兔银鲛属	*Hydrolagus*	4.0	TrC3
WS	鲉科	Scorpaenidae	3.8	TrC3
WS	尖吻鲭鲨	*Isurus oxyrinchus*	4.5	TrC3
TS	大西洋叉尾带鱼	*Lepidopus caudatus*	4.0	TrC3
TS	星鲨属	*Mustelus*	4.0	TrC3
TB	多刺糙鲉	*Trachyscorpia cristulata echinata*	4.2	TrC3
TB	魟属	*Dasyatis*	3.6	TrC3
WS	细尾长尾鲨	*Alopias vulpinus*	3.7	TrC3
TS	电鳐属	*Torpedo*	3.7	TrC3
WS	沙氏刺鲅	*Acanthocybium solandri*	3.5	TrC3
WB	矛吻鳐	*Rostroraja alba*	3.8	TrC3
CB	梭水珍鱼	*Argentina sphyraena*	3.8	TrC3
TB	花狼鱼	*Anarhichas minor*	4.3	TrC3
TB	银鲛目	*Chimaeriformes*	4.1	TrC3
TZ	大西洋大梭蜥鱼	*Magnisudis atlantica*	3.6	TrC3
TB	北海平鲉	*Sebastes viviparus*	3.7	TrC3
TS	带鱼科	Trichiuridae	3.9	TrC3
WZ	带鱼	*Trichiurus lepturus*	3.6	TrC3
TB	帆鳍尖背角鲨	*Oxynotus paradoxus*	3.5	TrC3
WS	星鲨	*Mustelus mustelus*	4.4	TrC3
WS	鼬鲨	*Galeocerdo cuvier*	3.9	TrC3
CS	小齿狼鱼	*Anarhichas denticulatus*	3.8	TrC3
TB	黑腹乌鲨	*Etmopterus spinax*	3.6	TrC3
TS	十指金眼鲷	*Beryx decadactylus*	3.6	TrC3
TB	扁鲨科	Squatinidae	4.3	TrC3
WZ	竹刀鱼	*Scomberesox saurus*	3.6	TrC3
WS	深海长尾鲨	*Alopias superciliosus*	3.9	TrC3
WS	印度枪鱼	*Istiompax indica*	4.0	TrC3

续表

栖息类别	种类	拉丁文	营养级	摄食类型
TS	蕾鮟鱇	*Lophius budegassa*	4.2	TrC3
WS	扁鲹	*Pomatomus saltatrix*	4.5	TrC3
TS	棘鲨	*Echinorhinus brucus*	4.5	TrC3
TB	鲳科	Stromateidae	4.4	TrC3
TS	异鳞蛇鲭	*Lepidocybium flavobrunneum*	4.3	TrC3
WS	玫鲹	*Caranx rhonchus*	4.2	TrC3
TB	中间等鳍叉尾带鱼	*Aphanopus intermedius*	3.9	TrC3
WS	锯鳞四鳍旗鱼	*Tetrapturus pfluegeri*	3.7	TrC3
WS	尖鳍刺鲨	*Centrophorus lusitanicus*	4.5	TrC3
WS	古氏海鲉	*Pontinus kuhlii*	4.4	TrC3
WZ	平鲣	*Orcynopsis unicolor*	4.5	TrC3
WB	赤鲉	*Scorpaena scrofa*	3.8	TrC3
TS	鲭属	*Scomber*	4.2	TrC3
TS	裸亚海鲂	*Zenopsis conchifer*	4.2	TrC3
WS	燧鲷科	Trachichthyidae	4.3	TrC3
WS	锤头双髻鲨	*Sphyrna zygaena*	3.9	TrC3
WB	大燕魟	*Gymnura altavela*	4.5	TrC3
WS	红金眼鲷	*Beryx splendens*	4.4	TrC3
WB	平头騰	*Uranoscopus scaber*	4.5	TrC3
WB	騰属	*Uranoscopus*	4.1	TrC3
TB	宽鼻星鲨	*Mustelus asterias*	3.7	TrC3
WB	魟科	Dasyatidae	4.5	TrC3
WB	鲼科	Myliobatidae	4.3	TrC3
TS	乌鲨属	*Etmopterus*	4.2	TrC3
TS	粗鳍鱼	*Trachipterus trachypterus*	4.2	TrC3
WS	圆鳞四鳍旗鱼	*Tetrapturus georgii*	4.3	TrC3
TZ	长鲳科	Centrolophidae	4.4	TrC3
WZ	蛇鲭科	Gempylidae	4.3	TrC3
TS	长尾鲨属	*Alopias*	4.5	TrC3
CS	棘鳞乌鲨	*Etmopterus princeps*	3.9	TrC3
TB	大西洋长吻银鲛	*Rhinochimaera atlantica*	3.9	TrC3
D	北极红点鲑	*Salvelinus alpinus*	4.4	TrC3
D	大西洋鲑	*Salmo salar*	3.6	TrC3
D	西鲱属	*Alosa*	4.1	TrC3
D	欧洲鳗鲡	*Anguilla anguilla*	4.4	TrC3
D	虹鳟	*Oncorhynchus mykiss*	4.5	TrC3
D	欧洲七鳃鳗	*Lampetra fluviatilis*	3.6	TrC3
D	海七鳃鳗	*Petromyzon marinus*	4.2	TrC3
D	鲑亚目	Salmonoidei	4.0	TrC3

续表

栖息类别	种类	拉丁文	营养级	摄食类型
D	芬塔西鲱	*Alosa fallax*	3.8	TrC3
D	红点鲑属	*Salvelinus*	4.0	TrC3
D	七鳃鳗科	Petromyzontidae	4.4	TrC3
D	驼背大麻哈鱼	*Oncorhynchus gorbuscha*	3.8	TrC3
M	乌贼	*Sepia officinalis*	3.8	TrC3
M	滑柔鱼	*Illex illecebrosus*	4.5	TrC3
M	褶柔鱼	*Todarodes sagittatus*	3.8	TrC3
M	科氏滑柔鱼	*Illex coindetii*	3.7	TrC3
M	真蛸	*Octopus vulgaris*	4.2	TrC3
M	爱尔斗蛸	*Eledone moschata*	3.6	TrC3
CC	北方磷虾	*Meganyctiphanes norvegica*	4.5	TrC3

注：①W 为暖水性；T 为温水性；C 为冷水性；P 为浮游植物食性；Z 为浮游动物食性；B 为底栖生物食性；S 为游泳生物食性；D 为洄游鱼类；M 为软体动物；CC 为甲壳类；TZ 即为温水性浮游动物食性，其余类推。②TrC1 为食草动物、腐蚀者和杂食者；TrC2 为中级食肉动物；TrC3 为高级食肉动物和顶级捕食者；